面向数字化时代高等学校计算机系列教材

大学生人工智能素养

杨俊杰 刘勇 张立敏 陈永恒 卢利琼 闵笛 张子石 王润涛 编著

U0228170

清华大学出版社

北京

内 容 简 介

本书详细介绍人工智能的核心概念、理论、方法、技术和应用。全书共 7 章,首先定义智能和人工智能,探讨人工智能的历史、实现方式、研究内容和趋势;然后解释与 Python 编程相关的概念,聚焦机器学习和人工神经网络原理,又分别从计算机视觉和自然语言处理的角度介绍前沿理论、方法和技术;最后讲述人工智能的伦理与法律概念。每章都附有相应的习题以供练习。

本书适合作为高校非计算机专业人工智能通识课教材,也可作为人工智能和 Python 编程爱好者的参考书。

图书在版编目(CIP)数据

大学生人工智能素养 / 杨俊杰等编著. -- 北京 : 清华大学出版社,2024.8. -- (面向数字化时代高等学校计算机系列教材). -- ISBN 978-7-302-67113-8

Ⅰ. TP18

中国国家版本馆 CIP 数据核字第 2024AE1751 号

责任编辑:贾 斌 左佳灵
封面设计:刘 键
责任校对:胡伟民
责任印制:丛怀宇

出版发行:清华大学出版社
      网 址:https://www.tup.com.cn,https://www.wqxuetang.com
      地 址:北京清华大学学研大厦 A 座   邮 编:100084
      社 总 机:010-83470000   邮 购:010-62786544
      投稿与读者服务:010-62776969,c-service@tup.tsinghua.edu.cn
      质量反馈:010-62772015,zhiliang@tup.tsinghua.edu.cn
      课件下载:https://www.tup.com.cn,010-83470236
印 装 者:三河市君旺印务有限公司
经 销:全国新华书店
开 本:186mm×240mm   印 张:9.5   字 数:240 千字
版 次:2024 年 8 月第 1 版   印 次:2024 年 8 月第1 次印刷
印 数:1~4000
定 价:59.80 元

产品编号:108081-01

FOREWORD
序　言

  本书提出了一系列关于通识教育实践教学的问题和面临的挑战，以及为了满足不同学科背景学生的需求而进行的努力。 本书的编写旨在解决这些问题、回应这些挑战，为广大非计算机专业的学生提供一本通俗易懂、内容全面、应用案例翔实的人工智能通识教材。

  本书详细介绍了人工智能的核心概念、理论、方法、技术和应用。 全书共7章，从定义智能和人工智能，深入探讨人工智能的历史、实现方式、研究内容和趋势，到解释与Python编程相关的概念，以及聚焦机器学习、人工神经网络原理，再到计算机视觉和自然语言处理等方面的介绍，努力将复杂的概念以通俗易懂的语言呈现，满足不同学科背景学生的学习要求。

  本书强调理论与实践的结合，提供了丰富的实验案例和应用场景，以帮助学生更好地理解人工智能技术的工作方式，同时鼓励学生提高实际操作能力。 这不仅有助于学生更好地掌握人工智能的基本原理，还有助于他们在未来的职业发展中更具竞争力。

  通过编写本书，我们希望为非计算机专业的学生提供一个窗口，使他们了解人工智能领域的基本知识，激发他们对这一新兴领域的兴趣；同时鼓励教育工作者和研究人员积极探索如何更好地满足不同学科背景学生的教育需求，以推动人工智能通识教育的发展。

  在这个信息时代，人工智能已经渗透各个领域，成为了21世纪的核心技术之一。 我们相信，通过学习和理解人工智能，大学生能更好地适应未来社会和迎接职场挑战，为科技进步和社会发展贡献自己的力量。 愿本书成为读者探索人工智能世界的向导，启发好奇心，激发创新思维，使读者在人工智能的旅程中取得成功！

PREFACE
前　言

当前，人工智能通识教育实践教学领域面临多重挑战。 人工智能专业要求学生具有一定的数学基础，涉及的内容与大数据知识有部分重叠，选用教材需要适应不同专业的学生，甚至文科生。 因此，编写一本适合非计算机专业学生的人工智能通识教材变得尤为迫切。

为了兼顾专业性，市面上大部分教材不得不提高深度，这常常使得教材变得晦涩难懂。 本书试图通过图示减少对数学公式的依赖，以提高通识教材的可读性。 与现有教材注重理论原理不同，本书更注重人工智能的实际应用，涵盖机器学习、深度学习、计算机可视化、自然语言处理等领域，以构建一个实用的知识体系。

本书强调理论与实践的结合，书中提供的演示案例将帮助学生将理论知识转化为实际应用，提高他们的动手能力和解决问题的技能，使学生能够接触前沿的人工智能行业内容。

本书的读者对象是非计算机专业的大学生，旨在阐述人工智能的发展历史、基本概念、实际应用和面临的挑战，为广大非计算机专业学生提供一本全面的、易于理解的人工智能通识教材，以满足他们在人工智能领域的学习需求。 通过本书的学习，学生将初步理解人工智能的基本原理，特别是数据、算法和应用之间的关系。 通过理论和经典应用场景的结合，学生将理解人工智能技术的基本工作方式，并通过实验案例更深入地理解相关技术原理。

本书知识覆盖范围适度，从人工智能的基本概念和作用到最新的深度学习技术，以通俗易懂的语言呈现知识架构，使热点问题易于理解。 本书内容难度适中，尽量控制深度，以照顾不同学科背景的学生。 本书力求压缩晦涩难懂的内容，让每位学生都能够理解并学会。

本书提供丰富的配套资源，包括课件PPT、章节习题等，以帮助学生更好地理解重点内容、弥补知识空白，提高学习效率。 这些资源将帮助学生更好地掌握教材内容，检验自己的学习效果，并为考试和课堂讨论做好准备。

总之，本书不仅为计算机专业的学生提供了人工智能领域的基础知识，还为非计算机专业的学生开启了一扇了解这一新兴领域的大门。 我们希望本书能够激发学生对人工智能的兴趣，为他们未来的学习和职业发展奠定坚实的基础。 同时，我们也鼓励教育工作者和科研人员积极探索如何更好地满足不同学科背景学生的教育需求，以推动人工智能通识教育的发展。

本书的撰写工作受岭南师范学院 2022 年筑峰计划专项项目及岭南师范学院 2021 年教学质量与教学改革工程项目资助。

编　者

2024 年 3 月

CONTENTS
目 录

乘风破浪 水北书荟

May all your wishes come true

扬帆起航

如果知识是通向未来的大门，
我们愿意为你打造一把打开这扇门的钥匙！

https://www.shuimushuhui.com/

图书详情 | 配套资源 | 课程视频 | 会议资讯 | 图书出版

清华大学出版社
TSINGHUA UNIVERSITY PRESS

May all your wishes
come true

第 1 章

人工智能：明日世界

本章导读

    人工智能(Artificial Intelligence,AI)是在计算机科学、控制论、信息论、神经心理学、哲学、语言学等多学科研究基础上发展起来的综合性很强的交叉学科，是一门不断涌现新思想、新观念、新理论、新技术的新兴学科，也是正在迅速发展的前沿学科。自 1956 年正式提出"人工智能"这个术语并把它作为一门新兴学科的名称以来，人工智能获得了迅速的发展，并取得了惊人的成就，引起了人们的高度重视，获得了很高的评价。人工智能与空间技术、原子能技术一起被誉为 20 世纪三大科学技术成就。有人称人工智能为继三次工业革命后的又一次革命，认为前三次工业革命主要是扩展了人手的功能，把人类从繁重的体力劳动中解放出来；而人工智能则是扩展了人脑的功能，实现了脑力劳动的自动化。

    本章将首先介绍人工智能的发展史及相关应用领域，然后简要介绍当前人工智能的主要研究内容及本书主要涉及领域，以开阔读者的视野，使读者对人工智能极其广阔的研究与应用领域有总体了解。

本章要点

- 人工智能的历史及应用
- 人工智能相关基本研究内容

1.1 人工智能发展史

    提到人工智能，人们往往想到的是科幻小说或电影中机器人的形象。例如，斯皮尔伯格导演的著名电影《人工智能》中与人的外表、智慧几乎相同的机器人，这个机器人本身甚至没有意识到自己是机器人，反而以为自己是人类；电影《终结者》系列中出现的具有机器骨骼、人类血肉的机器人，以及可以自我修复，并且肉体和智慧已经超越普通人类的液体金属机器人。这些对于人工智能的大胆想象，给人们留下了深刻的印象。

    近年来，人工智能在科技领域的发展有目共睹，从发展无人驾驶汽车而引起的争论，到 AlphaGo 战胜围棋顶级高手等，都使得人工智能吸引了足够多的眼球。人工智能的分支——机器学习广受关注，而机器学习的分支——深度学习又成为近几年研究的热点。

    要了解人工智能向何处去，首先要知道人工智能从哪里来。1956 年夏，麦卡锡、明斯基等科学家在美国达特茅斯学院研讨"如何用机器模拟人的智能",首次提出"人工智能"这一概念,标志着人工智能学科的诞生。

人工智能是研究开发能够模拟、延伸和扩展人类智能的理论、方法、技术及应用系统的一门新的技术科学,研究目的是促使智能机器会听(语音识别、机器翻译等)、会看(图像识别、文字识别等)、会说(语音合成、人机对话等)、会思考(人机对弈、定理证明等)、会学习(机器学习、知识表示等)、会行动(机器人、自动驾驶汽车等)。

1.1.1　人工智能的发展历程

人工智能充满未知的探索道路曲折起伏。如何描述人工智能自1956年以来60余年的发展历程,学术界可谓仁者见仁、智者见智。本书将人工智能的发展历程划分为以下6个阶段。

(1) 起步发展期:1956年—20世纪60年代初。人工智能概念提出后,相继取得了一批令人瞩目的研究成果,如机器定理证明、跳棋程序等,掀起人工智能发展的第一个高潮。

(2) 反思发展期:20世纪60年代—70年代初。人工智能发展初期的突破性进展大大提升了人们对人工智能的期望,人们开始尝试更具挑战性的任务,并提出了一些不切实际的研发目标。然而,接二连三的失败和预期目标的落空(例如,无法用机器证明两个连续函数之和还是连续函数、机器翻译闹出笑话等)使人工智能的发展走入低谷。

(3) 应用发展期:20世纪70年代初—80年代中。20世纪70年代出现的专家系统模拟人类专家的知识和经验解决特定领域的问题,实现了人工智能从理论研究走向实际应用、从一般推理策略探讨转向运用专门知识的重大突破。专家系统在医疗、化学、地质等领域取得成功,推动人工智能走入应用发展的新高潮。

(4) 低迷发展期:20世纪80年代中—90年代中。随着人工智能的应用规模不断扩大,专家系统存在的应用领域狭窄、缺乏常识性知识、知识获取困难、推理方法单一、缺乏分布式功能、难以与现有数据库兼容等问题逐渐暴露出来。

(5) 稳步发展期:20世纪90年代中—2010年。由于网络技术特别是互联网技术的发展,加速了人工智能的创新研究,促使人工智能技术进一步走向实用化。1997年国际商业机器(International Business Machines,IBM)公司深蓝超级计算机战胜了国际象棋世界冠军卡斯帕罗夫,2008年IBM公司提出"智慧地球"的概念。以上都是这一时期的标志性事件。

(6) 蓬勃发展期:2011年至今。随着大数据、云计算、互联网、物联网等信息技术的发展,泛在感知数据和图形处理器等计算平台推动以深度神经网络为代表的人工智能技术飞速发展,大幅跨越了科学与应用之间的"技术鸿沟",诸如图像分类、语音识别、知识问答、人机对弈、无人驾驶等人工智能技术实现了从"不能用、不好用"到"可以用"的技术突破,迎来爆发式增长的新高潮。

1.1.2　三大驱动要素

人工智能之所以能在近年来掀起新一轮高潮，主要归根于三大驱动要素：算法、大数据和计算力。

1. 算法

机器学习技术一直是人工智能发展的核心推动力。传统的统计机器学习技术早已被广泛应用到现代社会的各个方面，如搜索引擎、广告、商品推荐、内容过滤等。统计机器学习往往需要人类专家专门设计描述数据的特征，而深度学习的多层神经网络可以让机器由低往高逐层自动学习复杂的特征，能很好地解决一些更复杂的问题。深度学习首先在语音识别、图像识别领域取得了突破性进展，随后在自然语言理解等诸多领域都取得了可喜成果，直接将本轮人工智能推向高潮。

2. 大数据

深度学习的多层神经网络结构复杂、参数众多，需要大规模的数据才能训练生成有效的模型。得益于互联网、社交媒体的发展，带宽大幅提高，存储硬件成本降低，全世界的数据规模呈爆发式增长，人类进入大数据时代。有研究称，整个人类文明的全部数据中，有90%是过去两年内产生的。如此海量的数据，为人工智能的发展提供了源源不断的"燃料"。

3. 计算力

深度学习使用海量数据训练复杂的多层神经网络模型，需要强大的计算能力支撑。之前业界采用传统的 CPU(Central Processing Unit，中央处理器)进行模型训练，花费的时间漫长，少则几天，多则几周。GPU(Graphics Processing Unit，图形处理器)的应用将深度学习的效率提高了数十乃至上百倍。紧接着 FPGA(Field-Programmable Gate Array，现场可编程门阵列)以及各种定制芯片纷纷被用于加速深度学习。再加上分布式计算技术的进步，使大量芯片可以同时用于模型训练。由此形成的强大计算能力，强有力地推动着人工智能向前高速发展。

1.2　人工智能相关基本研究内容

随着人工智能科学与技术的发展和计算机网络技术的广泛应用，人工智能技术应用的研究涉及越来越多的领域，下面简要介绍本书涉及的 4 个基本研究内容。

1.2.1　机器学习

"人工智能是通过机器来模拟人类认知能力的技术。"

人工智能涉及很广，涵盖了感知、学习、推理与决策等方面的能力。从实际应用角度来

说,人工智能的核心能力是根据给定的输入做出判断或预测。例如:

在人脸识别应用中,人工智能根据输入的照片判断照片中的人是谁。

在语音识别中,人工智能可以根据人说话的音频信号判断说话的内容。

在医疗诊断中,人工智能可以根据输入的医疗影像判断疾病的成因和性质。

在电子商务网站中,人工智能可以根据用户过去的购买记录预测用户对什么商品感兴趣,从而让网站进行有针对性的推荐。

在金融应用中,人工智能可以根据一只股票过去的价格和交易信息预测它的未来走势。

在围棋对弈中,人工智能可以根据当前的盘面形势预测选择某个落子的胜率。

人工智能是如何自动做出判断或预测的呢? 其实这并不神秘,有时仅需要一些简单的规则。例如,用生活中常见的体温计就可以组成一个非常简单的智能系统。该智能系统通过水银或者其他对温度敏感的物质获得体温数据作为输入,然后通过简单的规则,如"体温是否超过 37.5℃",来判断被检测人是否正在发烧。

在 20 世纪 80 年代一度非常流行的专家系统就是基于人工定义的规则来解答特定问题的。但是,人工定义规则的方式有很多局限性:一方面,在复杂的应用场景下建立完备的规则系统往往是一个非常昂贵且耗时的过程;另一方面,很多基于自然输入的应用如语音和图像的识别,很难用人工方式定义具体的规则。因此,当代人工智能普遍通过学习来获得进行预测和判断的能力。这样的方法被称为机器学习,这种方法已经成为人工智能的主流。

1. 从数据中学习

机器学习方法通常是学习已知数据中蕴含的规律或者判断规则。但是,已知数据主要是用作学习的素材,而学习的主要目的是推广,即把学到的规则应用到未来的新数据中并做出判断或者预测。

机器学习有多种不同的方式,最常见的一种机器学习方式是监督学习。下面介绍一个示例。这里希望能得到一个公式来判断某种鸢尾花的种类,而要知道这种花卉的种类,则取决于其花萼和花瓣的宽度和长度。如果使用监督学习的方法,为了得到该分类公式,需要先收集一批鸢尾花花瓣和花萼的数据,如表 1-1 所示。

表 1-1　鸢尾花花瓣的数据

花瓣长度/cm	花瓣宽度/cm	类　　别
1.1	0.1	山鸢尾
1.7	0.5	山鸢尾
5.0	1.7	变色鸢尾
1.6	0.6	山鸢尾
3.0	1.1	变色鸢尾

注:源自美国植物学家 Edger Anderson 在加拿大加斯佩半岛采集的数据。

现在根据表 1-1 介绍一个可用于鸢尾花分类的公式。表 1-1 中的每一行称为一个样本,可以看到,每个样本包含用于判断的输入信息(花瓣长度、花瓣宽度)和类别真实值。通过表 1-1 可以对不同的分类公式进行测试并通过比较在每个样本上的类别和真实类别的差别获得反馈,机器学习算法依据这些反馈不断地对分类公式进行调整。在这种学习方式中,分类的真实值通过提供反馈对学习过程起到了监督作用,所以称这样的学习方式为监督学习。在实际应用中,监督学习是一种非常高效的学习方式。

监督学习要求为每个样本提供判断或预测的真实值,这在有些应用场合是有困难的。例如,在医疗诊断中,如果要通过监督学习获得诊断模型,则需要请专业的医生对大量的病例及其医疗影像资料进行精确标注。这需要耗费大量的人力和财力。为了克服这样的困难,研究者们也在积极探索不同的方法,希望可以在不提供监督信息(预测量的真实值)的条件下进行学习,这种方法被称为无监督学习。无监督学习往往比监督学习困难得多,但是由于其能帮助人们克服在很多实际应用中获取监督数据的困难,因此一直是人工智能发展的一个重要研究方向。

2. 从行动中学习

在机器学习的实际应用中,人们还会遇到另一类问题:利用学习得到的模型指导行动。例如,在下棋、股票交易或商业决策等场景中,人们关注的不是某个判断是否准确,而是行动过程能否带来最大的收益。为了解决这类问题,人们提出了一种不同的机器学习方式——强化学习。

强化学习的目标是要获得一个策略以指导行动。例如,在围棋博弈中,这个策略可以根据盘面形势指导每一步应该在哪里落子;在股票交易中,这个策略会告诉人们在什么时候买入或卖出。与监督学习不同,强化学习不需要一系列包含输入与预测的样本,其是在行动中学习的。

强化学习模型一般包含如下几个部分。

(1)一组可以动态变化的状态。例如,围棋棋盘上黑白子的分布位置、市场上每只股票的价格等。

(2)一组可以选取的动作。例如,对于围棋来说,就是可以落子的位置;对于股票交易来说,就是每个时间点买入或者卖出的股票以及数量。

(3)一个可以和决策主体进行交互的环境。这个环境会决定每个动作后状态如何变化。例如,围棋博弈中的对手,或者股票市场都会影响之后的状态。在强化学习中,为了降低学习的代价,很多时候人们会使用一个通过机器模拟的环境,而不是以真实场景作为环境。

(4)回报规则。当决策主体通过行动使状态发生变化时,其会获得回报或者受到惩罚(回报为负值)。

强化学习会从一个初始策略开始。通常情况下,初始策略不一定很理想。在学习过程中,决策主体通过行动和环境进行交互,不断获得反馈(回报或者惩罚),并根据反馈调整优化策略。这是一种非常强大的学习方式,持续不断的强化学习甚至会获得比人类更优的决策机制。在 2016 年 3 月击败围棋世界冠军李世石九段的 AlphaGo,其令世人震惊的博弈能力就是通过强化学习训练出来的。

本书第 4 章将对机器学习进行详细介绍。

1.2.2　人工神经网络

人工神经网络在计算机领域被直接简称为神经网络,但从严格意义上讲,当提到神经网络时,其是一个具有很宽泛概念的领域,包含了两大类内容。其中,一类是生物学中研究的生物神经网络系统,也被称为生物神经网络;另一类才是人工神经网络。

人工神经网络的思路是研究脑科学并将其数字化,以试图找出人工智能的解决方式。人们都认为人工神经网络是因为要模拟生物神经网络而产生的,不可否认的是人工神经网络发展中的很多灵感来自生物神经网络,但是很多生物学家和计算机科学家认为人工神经网络和生物神经网络并没有很强的相关性。

人工神经网络是一个用大量简单处理单元经广泛连接而组成的人工网络。人工神经网络为许多问题的研究提供了新的思路,特别是迅速发展的深度学习,能够发现高维数据中的复杂结构,取得比传统机器学习方法更好的结果。人工神经网络在图像处理、语音识别、计算机视觉、自然语言处理等领域获得成功应用,解决了人工智能很多年没有进展的问题。

本书第 4 章和第 5 章将对人工神经网络进行详细介绍。

1.2.3　计算机视觉

计算机视觉是一门研究如何对数字图像或视频进行高层理解的交叉学科。从人工智能的视角来看,计算机视觉要赋予机器"看"的智能,与语音识别赋予机器"听"的智能类似,都属于感知智能范畴;从工程视角来看,理解图像或视频就是用计算机自动实现人类视觉系统的功能,包括图像或视频的获取、处理、分析和理解等诸多任务。类比人的视觉系统,摄像机等成像设备是机器的眼睛,而计算机视觉就是要实现人类大脑的视觉能力。

计算机视觉的内涵非常丰富,需要完成的任务众多。想象一下,如果为盲人设计了一套导盲系统,盲人过马路时系统摄像机拍摄了图 1-1 所示的图像,导盲系统要完成哪些视觉任务?

不难想象,导盲系统可能至少要完成以下任务。

(1)距离估计:计算输入图像中的每个点距离摄像机的物理距离。该功能对于导盲系统显然是至关重要的。

(2)目标检测、跟踪和定位:在图像视频中发现感兴趣的目标并给出其位置和区域。对导盲系统来说,各类车辆、行人、红绿灯、交通标示等都是需要关注的目标。

(3)前景分割和物体分割:将图像视频中前景物体所占区域或轮廓勾勒出来。为了实现导盲系统的目的,将视野中的车辆和斑马线区域勾勒出来显然是必要的。当然,盲道的分割以及可行走区域的分割更加重要。

图 1-1　十字路口街景（局部）

　　（4）目标分类和识别：为图像视频中出现的目标分配其所属类别的标签。这里"类别"的概念非常丰富，如画面中人的男女、老少、种族等，视野内车辆的款式乃至型号，甚至对面走来的人是谁（认识与否）等。

　　（5）场景分类与识别：根据图像视频内容对拍摄环境进行分类，如室内、室外、山景、海景、街景等场景文字的检测与识别。特别是在城市环境中，场景中的各种文字对导盲系统是非常重要的，如道路名、绿灯倒计时秒数、商店名称等。

　　（6）事件检测与识别：对视频中的人、物和场景等进行分析，识别人的行为或正在发生的事件（特别是异常事件）。对导盲系统来说，可能需要判断是否有车辆正在经过；而对监控系统来说，闯红灯、逆行等都是值得关注的事件。

　　当然，更多内容可能是导盲系统未必需要的，但对其他应用可能很重要。例如：

　　（1）3D 重建：对画面中的场景和物体进行自动 3D 建模。这对于增强现实等应用中添加虚拟物体而言是必需的先导任务。

　　（2）图像编辑：对图像的内容或风格进行修改，产生具有真实感的其他图像。例如，把图像变成油画效果甚至是变成某个艺术家的绘画风格图。图像编辑也可以修改图像中的部分内容，如删除照片中大煞风景的某个垃圾桶，或者删除照片中某人的眼镜等。

　　（3）自动图题：分析输入图像或视频的内容并用自然语言进行描述，可以类比小学生眼中的"看图说话"题目。

　　（4）视觉问答：给定图像或视频回答特定的问题，这类似于语文考试中的"阅读理解"题目。

计算机视觉在众多领域有极为广泛的应用价值。人类多数的信息是通过"看"来获得的,同样,这一能力对人工智能也至关重要。不难想象,任何人工智能系统,只要其需要和人进行交互或者需要根据周边环境情况做决策,"看"的能力就非常重要。所以,越来越多的计算机视觉系统开始走入人们的日常生活,如指纹识别、车牌识别、人脸识别、视频监控、自动驾驶、增强现实等。

计算机视觉与很多学科都有密切的关系,如数字图像处理、模式识别、机器学习、计算机图形学等。其中,数字图像处理可以看作偏低级的计算机视觉,多数情况下其输入和输出都是图像,而计算机视觉系统的输出一般是模型、结构或符号信息。在模式识别中,以图像为输入的任务多数也可以看作计算机视觉的研究范畴。机器学习则为计算机视觉提供了分析、识别和理解的方法及工具,特别是近年来统计机器学习和深度学习都成为计算机视觉领域占主导地位的研究方法。计算机图形学与计算机视觉的关系最为特殊,从某种意义上讲,计算机图形学研究的是如何从模型生成图像或视频的"正"问题;而计算机视觉则正好相反,其研究的是如何从输入图像中解析出模型的"反"问题。以计算摄影学为例,其关注的焦点就是采用数字信号处理而非光学过程实现新的成像可能,典型的如光场相机、高动态成像、全景成像等就经常用到计算机视觉算法。

另外一类来自脑科学领域,如认知科学、神经科、心理学等学科同样与计算机视觉关系密切。这些学科一方面极大受益于数字图像处理、计算摄影学、计算机视觉等学科带来的图像处理和分析工具,另一方面它们所揭示的视觉认知规律、视皮层神经机制等对于计算机视觉领域的发展也起到了积极的推动作用。例如,多层神经网络即深度学习就是受到认知神经科学的启发而发展起来的,最近十多年以来为计算机视觉的众多任务带来了跨越式的发展。

自20世纪60年代开始,计算机视觉取得了长足的进步,特别是最近10年,随着深度学习的复兴,配合强监督大数据和高性能计算装置,众多计算机视觉算法的性能出现了质的飞跃。特别是在图像分类、人脸识别、目标检测、医疗读图等任务上,计算机视觉逐步逼近甚至超越了普通人类的视觉能力。

计算机视觉的多数任务可以归结为作用于输入图像的映射函数拟合期望输出的分类或回归问题。浅层视觉模型遵循分而治之的策略,将该函数人为拆解为预处理、特征提取、特征变换、分类和回归等步骤,在每个步骤上进行人工设计或者用少量数据进行统计建模。但这些模型局限于人工经验设计或普遍采用简单的线性模型,难以适应实际应用中的高维、复杂、非线性问题。

以深度卷积神经网络为代表的深度学习视觉模型克服了上述困难,采用层级卷积、逐级抽象的多层神经网络,实现了从输入图像到期望输出的、高度复杂的非线性函数映射。这不仅大大提高了处理视觉任务的精度,而且显著降低了人工经验在算法设计中的作用,其更多依赖于大量数据,让数据自己决定最"好"的特征或映射函数。可以说,以深度卷积神经网络为代表的深度学习视觉模型实现了从"经验知识驱动的方法论"到"数据驱动的方法论"的变迁。

本书第 5 章将分别对图像处理和计算机视觉进行详细介绍。

1.2.4 自然语言处理

人工智能包括计算智能、感知智能、认知智能和创造智能。其中，计算智能是记忆和计算的能力，这一点计算机已经远远超过人类。感知智能是计算机感知环境的能力，包括听觉、视觉和触觉等。近年来，随着深度学习的成功应用，语音识别和图像识别已获得了很大的进步，在某些测试集合下，达到甚至超过了人类水平，并且在很多场景下已经具备实用化能力。认知智能包括语言理解、知识和推理。其中，语言理解包括词汇、句法、语义层面的理解，也包括篇章级别和上下文的理解；知识是人们对客观事物认识的体现以及运用知识解决问题的能力；推理则是根据语言理解和知识，在已知的条件下根据一定规则或者规律推演出某种可能结果的思维过程。创造智能体现了对未见过、未发生的事物，运用经验，通过想象力设计、实验、验证并予以实现的智力过程。

随着感知智能的大幅度进步，人们的焦点逐渐转向了认知智能。比尔·盖茨曾说过："语言理解是人工智能皇冠上的明珠。"自然语言理解处在认知智能最核心的地位，它的进步会引导知识图谱的进步，会引导用户理解能力的增强，也会进一步提高整个推理能力。自然语言处理的技术会推动人工智能的整体进展，从而使得人工智能技术可以落地实用化。

自然语言处理通过对词、句子、篇章进行分析，对内容中的人物、时间、地点等进行理解，并在此基础上支持一系列核心技术（如跨语言的翻译、问答系统阅读理解、知识图谱等）。基于这些技术，又可以把自然语言处理应用到其他领域，如搜索引擎、客服、金融、新闻等。总之，就是通过对语言的理解实现人与计算机的直接交流，从而实现人与人更加有效的交流。自然语言技术不是一个独立的技术，需要云计算、大数据、机器学习、知识图谱等各个方面的支撑。自然语言处理是人工智能领域重要的研究方向之一，目标是帮助机器获得能够理解和处理人类语言的能力。

本书第 6 章将对自然语言处理进行详细介绍。

本章小结

人工智能是关于如何通过机器模拟人类认知能力的研究。人工智能通过人工定义或从数据中学习来获得预测和决策能力。经过近半个世纪的努力，人工智能取得了长足的发展，并已成功应用于许多行业。人工智能是一门新兴的科学技术，正在深刻改变着世界并影响着人们的生活，但这仅仅是刚刚开始。通过人工智能技术的应用，人们的生产、生活、社交、娱乐等领域仍可以得到进一步改善。人工智能的过去发展为人们展示了令人兴奋的前景，而这个更新的时代需要我们共同努力创造。

习题

1. 简要说明近年来人工智能掀起新一轮高潮的三大驱动要素是什么,并分别阐述其在人工智能发展中的作用。

2. 计算机视觉的研究内容有哪些？它与哪些学科有密切关系？

3. 简述自然语言处理在人工智能中的重要性及其主要应用领域。

第 2 章

行业应用：无处不在

本章导读

　　提起人工智能，你是不是认为这种高科技离生活太遥远？其实，人工智能早已渗透到日常生活的方方面面，并应用于各个领域，其不仅给许多行业带来了巨大的经济效益，也为人们的生活带来了许多改变和便利。本章将分别介绍了七个人工智能的应用场景，带领大家一起领略人工智能的魅力。

　　需要指出的是，正如不同的人工智能子领域并不完全独立一样，大多数人工智能研究课题涉及许多智能领域。本章讨论的人工智能应用场景之间是相互关联的，涉及的人工智能领域和技术也不是完全互不相关的。本章之所以把这些应用场景分开介绍，只是为了便于指出现有的人工智能能够做什么，不能做什么。

本章要点

- 问题求解：人机博弈
- 语音识别：赏乐析音
- 智能家居：科技生活
- 智能机器：上天入海
- 智慧交通：四通八达
- 智慧教育：泛在学习
- 智慧医疗：幸福民生

2.1　问题求解：人机博弈

　　加里·卡斯帕罗夫于 1963 年生于阿塞拜疆首都巴库，1985 年，年仅 22 岁的卡斯帕罗夫以 13∶11 战胜棋王卡尔波夫，成为国际象棋第 13 位世界冠军，也是史上最年轻的棋王。在随后的几年中，三次击败卡尔波夫，成功卫冕。然而，1997 年，世界国际象棋棋王卡斯帕罗夫与美国 IBM 公司的 RS/6000SP（深蓝）计算机系统进行了六局"人机大战"，卡斯帕罗夫却以 25∶35 败给了"深蓝"（图 2-1）。

　　这一场眼花缭乱的国际象棋对战给后世带来了深远的影响，充分展示了计算机求解问题的能力。"深蓝"采用"暴力穷举"求解问题，通过高性能计算机计算所有的落子可能性。

图 2-1　卡斯帕罗夫对阵"深蓝"（图片来源：搜狐网）

"深蓝"计算量是 1s2 亿步棋，大约需要 5min 就可以计算出五六个回合后的可能性。"深蓝"退役之后，世界各国公司不断推出新的系统，并同顶尖大师进行人机对抗，其中比较突出的是德国的 Fritz 和美国的 Rebel，虽互有胜负，但人类的胜率越来越低。

　　人工智能领域的第一大成就是发展了能够求解难题的下棋程序。在下棋程序中应用某些人工智能技术，把困难的问题分解成一些比较容易解决的子问题，转换为搜索和问题归约这样的基本技术。今天的计算机程序能够下锦标赛水平的各种方盘棋、十五子棋和国际象棋，并取得了相当不错的成绩。

　　问题求解就是解决管理活动中由于意外引起的非预期效应或与预期效应之间的偏差，我们在完成许多任务时都会涉及问题求解。在人工智能中，问题求解一般可以转化为状态空间搜索。问题的求解任务一般可以表示为一组初始状态、一组目标状态和一组运算符号，问题的求解过程则相应可以表示为通过这一组运算符号自动地将问题由初始状态转变为目标状态，而从初始状态到目标状态的路径就是解决该问题的答案。

　　问题求解系统一般由全局数据库、算子集和控制程序 3 部分组成。全局数据库用来反映当前问题、状态及预期目标；算子集用来对数据库进行操作运算，其实际上就是规则集；控制程序用来决定选用什么规则以及在什么时候选用。问题求解过程可以是正向推理，也可以是逆向推理。正向推理是从问题的初始状态开始，运用适当的算子序列，经过一系列状态变换直到问题的目标状态，这是一种自底向上的综合方法；逆向推理则从问题的目标状态出发，选用适当的算子序列将总目标转换为若干子目标，即对问题进行归约，分解为若干较易实现的子问题，以此类推，直到最终分解得到的子问题完全可解，这是一种自顶向下的分析方法。

　　需要指出的是，问题求解过程离不开自动程序设计，编写一段计算机程序的任务既与定理证明相关，又与机器人学相关，自动程序设计、定理证明、问题求解等大多数基础研究是相互重叠和相互交叉的。从某种意义上来说，最基础的程序编译就已经属于"自动程序设计"的范畴，然而人工智能领域中的自动程序设计是指某种能够对程序要实现什么目标进行非常高级描述的程序，并能够由该程序产生出所需要的新程序。自动程序设计有时可能是采用形式语言来进行描述；也有可能是采用伪代码这种松散的语言来进行描述，这时往往还需要在系统和用户之间进行进一步对话，以澄清语言的多义性。

相对于国际象棋的棋盘而言，围棋的棋盘更为复杂，单从计算量来看，围棋 361 个交叉点就比国际象棋的 64 个格高出了好几个数量级，361^{361} 这个数字超过了宇宙中所有的原子总数之和。此时如果只依靠计算能力，采用"暴力穷举"已经无法实现既定的目标，需要使用人工智能领域的深度学习技术，这也标志着人工智能从狭义应用拓展到了广义应用。

学习能力无疑是人工智能研究中最突出和最重要的一个方面，近年来人工智能在这方面的研究取得了一些进展。学习是人类智能的主要标志和获得知识的基本手段，机器学习是使计算机具有智能的根本途径，且有助于发现人类学习的机理和揭示人脑的奥秘。正如香克（Shank）认为：一台计算机若不会学习，就不能称为具有智能的。所以，机器学习是一个始终得到重视，理论正在创立，方法日臻完善，但远未达到理想境地的研究领域。

学习是一个有特定目的的知识获取过程，内部表现为新知识结构的不断建立和修改，外部表现为性能的改善。传统的机器学习倾向于使用符号而不是数值表示，倾向于使用归纳而不是演绎，倾向于使用启发式方法而不是算法；传统的计算机不具备学习能力，无法快速处理非数值计算的形象思维等问题，也无法求解那些信息不完整、不确定性和模糊性的问题。随着技术的发展，以人工神经网络为代表的智能算法正逐步应用于机器学习之中。人工神经网络作为一种分布式并行处理系统，具有非线性、非局域性、非定常性和非凸性的基本特征，同时具备自适应、自组织、实时学习的特点。在克服了传统的基于逻辑符号的人工智能方法在处理直觉、非结构化信息方面的缺陷后，人工神经网络处理直觉和形象思维信息具有比传统处理方式好得多的效果。

人脑是一个功能特别强大、结构异常复杂的信息处理系统，人脑的基础是神经元及其互联关系，通过对人脑神经元和人工神经网络的研究，可能创造出新一代人工智能机——神经计算机。神经网络目前已在模式识别、图像处理、组合优化、自动控制、信息处理、机器人学和人工智能的其他领域获得日益广泛的应用。人们期望神经计算机能重塑人脑形象，极大地提高信息处理能力，在更多方面取代传统的计算机。

AlphaGo 是第一个击败人类职业围棋选手、战胜围棋世界冠军的人工智能机器人，由谷歌旗下 DeepMind 公司戴密斯·哈萨比斯领衔的团队开发，主要工作原理是"深度学习"。

2016 年 3 月，AlphaGo 与围棋世界冠军、职业九段棋手李世石进行围棋人机大战，以 4∶1 的总比分获胜（图 2-2）；2016 年年末至 2017 年年初，该程序在中国棋类网站上以"大师"（Master）为注册账号与中日韩数十位围棋高手进行快棋对决，连续 60 局无一败绩；2017 年 5 月，在中国乌镇围棋峰会上，AlphaGo 与排名世界第一的世界围棋冠军柯洁对战，以 3∶0 的总比分获胜。围棋界公认 AlphaGo 的棋力已经超过人类职业围棋顶尖水平，在 GoRatings 网站公布的世界职业围棋排名中，其等级分曾超过排名人类第一的棋手柯洁。2017 年 5 月 27 日，在柯洁与 AlphaGo 的人机大战之后，团队宣布 AlphaGo 将不再参加围棋比赛。2017 年 10 月 18 日，DeepMind 团队公布了最强版 AlphaGo，代号 AlphaGo Zero。

AlphaGo 团队负责人大卫·席尔瓦介绍，AlphaGo Zero 使用新的强化学习方法，可以

图 2-2   李世石对阵 AlphaGo(图片来源：环球网)

让自己通过学习变成老师。AlphaGo Zero 一开始甚至并不知道什么是围棋,只是从单一神经网络开始,通过神经网络强大的学习算法和搜索算法,不断进行自我对弈,随着自我对弈的不断增加,神经网络逐步调整,进而提升预测下一步的能力,最终赢得比赛。随着学习算法训练的不断深入,AlphaGo Zero 甚至还发现了游戏规则,并走出了新的策略,为围棋这项古老的游戏给出了新的见解。早期的 AlphaGo 中使用"策略网络"选择下一步棋的走法,使用"价值网络"预测每一步棋后的赢家;而 AlphaGo Zero 将两者合二为一,通过单一的神经网络让其能得到更高效的训练和评估,可以说神经网络技术的应用是 AlphaGo 取得胜利的关键。

2.2   语音识别：赏乐析音

"小爱同学,播放一首轻音乐!"

"小爱同学,我的手机在哪里?"

"小爱同学,定个明天早上 7 点的闹钟。"

"小爱同学,把空调打开。"

这样的场景,大家是不是很熟悉? 智能音箱,也可以称之为智能语音交互平台,是大家熟悉的一种电子产品,是由语音识别、自然语言处理等人工智能技术与电子产品类相结合的产物。智能音箱也被视为智能家居的未来入口。

支撑智能音箱交互功能的基础主要包括 3 个方面,分别是将人声转换成文本的自动语音识别技术;对文字进行词性、句法、语义等分析的自然语言处理技术;以及将文字转换成自然语音流的语音合成技术。智能音箱的本质就是一台能完成人机对话且拥有语音交互能力的智能机器,人们通过与智能音箱的对话,能够完成自助点歌、唤起生活服务、控制家居设备等一系列操作。随着人工智能技术的不断发展,智能音箱将逐渐以更自然的语音交互方式实现更多家庭场景下的应用。

语音识别是以语音为研究对象,通过语音信号处理和模式识别技术让机器自动识别和理解人类语言后,将语音信号转换为相应的文本或命令的一门技术。模式识别是人工智能的一个重要分支,已经发展成为一门独立的科学,成为当代高科技研究和应用的重要领域之一。1988 年 2 月,主管国家科技工作的中国工程院院士宋健亲笔致信蔡自兴教授,写到"…我深信,以人工智能和模式识别为带头的这门新学科,将为人类迈进智能自动化时期作出奠基性贡献。"目前,模式识别研究取得了很大的进展,已经在语音识别、字符识别、指纹识别、航空图片解释、医学图像分析、天气预报等方面取得了成功的应用。

语音识别技术涉及信号处理、模式识别、概率论和信息论、发声机理和听觉机理等,是一门交叉学科。近二十年来,语音识别技术进步显著,不久的将来,语音识别技术将进入工业、家电、通信、汽车电子、医疗、家庭服务、消费电子产品等各个领域。

语音识别的整个流程中,首先是进行信号处理、端点检测,然后逐帧提取语音特征,已提取的特征会传送到解码器,利用事先训练好的声学模型和语言模型找到最为匹配的序列,作为识别结果输出。目前,人工神经网络已经应用在语音学习过程和语音识别过程中,这两个过程的关键技术是求取语音特征参数和神经网络学习。语音学习过程是将已知语音信号作为学习样本,通过神经网络的自学习,最终得到一组连接权和偏置;语音识别过程是将待测语音信号作为输入,通过比对得出识别结果。

早在计算机发明之前,自动语音识别的设想就已经被提出,早期的声码器可被视为语音识别及合成的雏形。19 世纪 20 年代出现的 Radio Rex 玩具狗就具备了语音识别功能,当呼唤这只狗的名字时,它能够从底座上弹出来。语音识别技术的研究始于 20 世纪 50 年代初期,1952 年,美国贝尔实验室的戴维斯等人成功进行了数字 0~90 的语音识别实验;1962 年,日本研制出了第一个连续多位数字语音识别装置;20 世纪 50 年代,语音识别中引入语法概率;20 世纪 60 年代,语音识别中引入人工神经网络和线性预测;20 世纪 70 年代,各种语音识别装置相继出现,性能良好的能够识别单词的声音识别系统进入实用阶段。

接下来简单介绍自然语言理解。自然语言理解也是人工智能的早期研究领域之一,目前受到越来越多的重视。自然语言理解是指使用自然语言同计算机进行交互的技术,也称为计算语言学,是语言信息处理的一个分支,也是人工智能的核心课题之一。自然语言理解涉及语言学、心理学、逻辑学、声学、数学、计算机科学等多门学科,是一门以语言学为基础的新兴边缘学科,其应用融合了多门学科的知识。

自然语言理解在当前新技术革命的浪潮中占有十分重要的地位,新一代计算机研制的主要目标之一就是要使计算机具有理解和运用自然语言的功能。智能客服机器人就是人工智能中自然语言理解的重要应用,它是一种利用机器模拟人类语言交互行为的人工智能实体形态(图 2-3)。智能客服机器人使计算机技术理解和运用人类的自然语言,实现人与机器之间的自然语言对话。

使用智能客服机器人的好处如下:

(1) 可以降低企业成本。智能客服机器人不需要发工资,不需要休息,可以处理大量的重复性问题,减少人工客服的接待量,降低企业对人工客服数量的需求,从而降低成本,保守估计一个智能客服机器人一年可替代 30%~50% 的人工工作量。

图 2-3　智能客服机器人(图片来源:合力亿捷)

(2) 可以全天不间断服务。只要不断电断网,智能客服机器人可以 $7\times24\mathrm{h}$ 进行客服接待工作,自动回复客户的询问,同时接入大量客户,无须排队等候,系统稳定性高。

(3) 可以提升服务效率。智能客服机器人能够智能问答客户提问,引导客户自助服务,同时作为人工接待辅助提升服务效率。

(4) 可以提供访客分类管理。智能客服机器人能够根据客户的提问、问法、行为、信息等对客户进行自动分类管理,方便后台更加细致准确地定位客户需求。

(5) 可以进行数据分析和存储。智能客服机器人能够将客户语音转换为对话信息并存储在数据库中,然后对信息进行大数据分析与挖掘,提供营销数据,服务企业发展。

自然语言理解俗称人机对话,主要研究如何利用计算机模拟人的语言交际过程,目的在于让计算机能理解和运用人类社会的自然语言,如汉语、英语等。智能设备具备自然语言理解功能之后就可以代替人的部分脑力劳动,诸如解答问题、查询资料、数据分析等与自然语言处理相关的活动。人们日常使用的语种有很多,包括中文、英文、俄文、日文、德文、法文等,所以自然语言理解与语言学的研究有着密切的联系,但又有重要的区别。

自然语言理解并不是通常意义上的研究自然语言的语法、词汇等,而是研制能有效地实现自然语言理解和通信的计算机系统,特别是其中的软件系统。人们之间看似极其简单的语言对话和理解对软件系统而言却极为不易,要建立一个能够"生成"和"理解"哪怕是片段自然语言的软件系统是异常困难的,语言的生成和理解是一个极为复杂的编码和解码问题。网络上有这样一句话"我想过过过过过过的生活",经过我们的断句以及判断是可以理解其意思的,然而软件系统要如何理解呢?

智能客服机器人目前广泛应用于商业服务与营销场景,为客户解决问题提供决策依据。随着技术的进步,智能客服机器人在应答过程中还可以结合丰富的对话语料进行自适应训练,让应答变得越来越精确。语音识别、语音合成、自然语言理解、语义网络等技术相结合的语音交互正在逐步成为当前多通道、多媒体智能人机交互的主要方式。大词汇量连续语音识别系统和小型化便携式语音识别产品是语音识别系统发展的两个主要方向。语音识别虽然起步较慢，当前目标仍然是重建人类基本对话，但其发展的速度十分惊人，未来在交互性和丰富性方面超越键盘和屏幕的语音识别系统必将出现。

2.3 智能家居：科技生活

智能家居是以住宅为平台，基于物联网技术，由硬件系统、软件系统、云计算平台构成的一个家居生态圈，可实现用户远程控制家居设备、设备间互联互通、设备自我学习等功能，并通过收集、分析用户行为数据为用户提供个性化生活服务，使家居生活安全、舒适、节能、高效、便捷。智能家居包括家居生活中的多种设备，涵盖多个家居生活场景。

先给大家讲一个经典的故事："啤酒与尿布"。"啤酒与尿布"的故事可以说是营销界的经典案例，不同的人有不同的版本，甚至故事的主角和地点都会发生变化。故事发生在 20 世纪 90 年代的美国沃尔玛超市，沃尔玛超市管理人员在分析超市销售数据时发现了一个令人难以理解的现象：在某些特定的情况下，"啤酒"与"尿布"两件看上去毫无关系的商品会经常出现在同一个购物篮中。大家可以思考一下：什么样的人会同时购买这两件商品？管理人员没有忽视这个问题，而且进行了深入的调查，结果发现这种现象出现在当地年轻的父亲身上。在美国有婴儿的家庭中，一般是母亲在家中照看婴儿，年轻的父亲前去超市购买尿布，而父亲在购买尿布的同时，往往会顺便为自己购买啤酒，这样就会出现啤酒与尿布这两件看上去不相干的商品经常会出现在同一个购物篮的现象。如果这个年轻的父亲在商场只能买到两件商品其中之一，他甚至有可能会放弃购物而转到另一家商店。如果你是销售人员，发现这种现象之后会有什么启发呢？没错，当然会进行捆绑销售，将啤酒与尿布摆放在相邻的区域方便顾客选购，而且会进行"买一送一"的促销——买尿布送啤酒。事实上，当时的那家沃尔玛超市就通过将啤酒与尿布摆放在相同的区域进行组合销售，便于年轻的父亲同时找到这两件商品，缩短购物时间，提高销售收入，这就是"啤酒与尿布"故事的由来。

大数据时代，知识发现是信息处理的关键问题之一。知识发现和数据挖掘已成为人工智能研究的热点问题，是一个富有挑战性的，并具有广阔应用前景的研究课题。早在 20 世纪 80 年代，人们在知识发现方面就取得了一定的进展，能够利用样本，通过归纳学习，或者与神经计算结合起来进行知识获取和发现。目前，知识发现系统都基于数据库实现，通过综合运用统计学、模糊数学、机器学习和专家系统等多种学习手段和方法，从大量的数据中提炼出有用的知识，进而揭示蕴涵在这些数据背后的客观世界的内在联系和本质规律，实现知识的自动获取和发现。

2.2 节中提到的智能音箱就是智能家居的一部分，智能音箱中集成了音乐播放软件，不管是网易云音乐、QQ 音乐，还是酷狗音乐、百度音乐，又或者是其他播放软件。我们常常会发现这样一种情况，在使用了某一个音乐播放软件之后，当再次使用时会惊奇地发现该软件推送的音乐恰恰是自己喜欢的音乐类型。而且，随着使用音乐播放软件频率的增加，这种歌曲类型的契合度会越来越高。人工智能可以通过分析用户喜欢的音乐找到其中的共同点,而且还可以从庞大的歌曲库中筛选出来用户所喜欢的部分,这比最资深的音乐人都要强大。与音乐推荐类似的还有电影推荐,人工智能可以根据用户过往的喜好分析其对某类电影的偏好,从而推荐用户真正喜欢的电影。

音乐推荐和电影推荐都属于个性化推荐的范畴,个性化推荐是知识发现的重要应用。个性化推荐是一种基于聚类与协同过滤技术的人工智能应用,其建立在海量数据挖掘的基础上,通过分析用户的历史行为建立推荐模型,主动为用户提供匹配他们的需求与感兴趣的信息,如前面提到的音乐推荐和电影推荐,以及当前非常常见的商品推荐和新闻推荐等。个性化推荐系统广泛存在于各类网站和 App 中,本质上,其会根据用户的浏览信息、用户基本信息和对物品或内容的偏好程度等多因素进行考量,依托推荐引擎算法进行指标分类,将与用户目标因素一致的信息内容进行聚类,经过协同过滤算法,实现精确的个性化推荐。再举一个例子。淘宝、京东这些网站好像能够提前预见到用户的需求,推荐符合用户预期的商品。毫无疑问,这也是个性化推荐的应用场景。首先,个性化推荐系统通过深层次分析每一位用户的购买记录、浏览记录、愿望清单等数据,得出可靠性较高的购物偏好、购买能力分析;然后,个性化推荐系统会根据用户的购物偏好进行精准营销,包括推送特定类型的优惠券、特殊的打折计划、有针对性的广告和商品等。个性化推荐既可以为用户快速定位所需产品,弱化用户被动消费意识,提升用户兴致和留存黏性,又可以帮助商家快速引流,找准用户群体与定位,做好产品营销。

人工智能在智能家居场景中的应用,一方面是推动家居生活产品的智能化,包括影音系统、照明系统、能源管理系统、安防系统等,实现家居产品从感知到认知,再到决策的发展;另一方面是推动智能家居系统的建立,包括机器人、智能音箱、智能电视等搭载人工智能的设备将成为智能家居的核心。智能家居系统将逐步实现家居自我学习与控制,从而提供针对不同用户的个性化服务。

扫地机器人是智能家居的典型设备之一,也是智能机器人的典型应用之一。1996 年伊莱克斯公司研制了世界上第一台自动化扫地机器人——三叶虫,三叶虫采用超声波仿生技术,如同蝙蝠在黑暗中飞行一样,可以迅速敏捷地判断障碍物并绕开。受当时的技术限制,三叶虫的反应和运算速度、机器行进速度都比较慢,同时由于其设计厚度太大而导致无法深入很多家具底部进行清扫。2002—2006 年,美国 iRobot、韩国 Samsung、LG 等公司先后推出各自不同类系产品,这一时期的扫地机器人由传统真空吸尘器演变过来,主要以真空吸的方式工作,清扫行走主要是碰撞式的。随着人工智能技术的发展,以及激光测距感应技术和同步定位与地图构建算法的应用,真正专业的规划型扫地机器人开始出现。与此同时,电子时代大幅降低了产品成本,很多新兴品牌借助新技术的应用迅速崛起,国产的小米扫地机器人就是这一时期的典型代表(图 2-4)。

扫地机器人其实是智能吸尘器,它的底部前端是一个万向轮,左右各有一个独立驱动的行走轮,由可充电电池供电并驱动,有的还带有拖布和水箱。扫地机器人最核心的技术就是路径规划,扫地机器人按什么样的路径进行清扫需要使用传感器和算法设计相结合,一般来讲,清扫路径越简单越好,清扫范围越全面越好,重复清扫范围越低越好,完成清扫

图 2-4　扫地机器人（图片来源：小米官网）

时间越少越好。由于用户居家环境各有不同，扫地机器人要满足人们的普遍要求，必须采用人工智能才能更好地实现。目前，图像式测算导航系统利用扫地机器人顶部搭载的摄像头扫描周围的环境，结合红外传感器，利用数学运算、几何运算等方法测绘房间的地图，以此进行导航，并根据前后影像中各个地标的位置变化判断当前的移动路线，同时对其所构建的环境模型进行更新与调整。值得指出的是，家庭常用的吸尘器是不能称为扫地机器人的，只有采用了智能自动化模式的机器才可以称之为扫地机器人。

除了前面提到的智能音箱和扫地机器人，事实上越来越多的智能机器已经走进了家庭，如空调、电视、洗衣机、电灯、窗帘、智能水壶、智能插座等，家居设备智能化以后，能够让生活更简便，而这一切都离不开人工智能。人工智能与智能家居的结合可以分为三个阶段：第一阶段是控制，通过远程开关、定时开关等方式控制家居设备；第二阶段是反馈，把通过智能家居设备获得的数据经人工智能反馈给住户；第三阶段是融合，智能家居设备可以通过与住户的对话感知住户的心情或习惯，如当住户想听音乐时，人工智能可以有选择性地播放一段适时的背景音乐。

目前，智能家居系统已逐步走向成熟，以华为智能家居系统为例，通过 1 个人工智能主机、1 个全屋 PLC（Programmable Logic Controller，可编程逻辑控制器）控制总线和 1 个全屋 WiFi 6＋网络，可以协同 N 个系统智慧协同，包括照明智控系统、安全防护系统、环境智控系统、水智控系统、影音娱乐系统、睡眠辅助系统、智能家电系统、遮阳智控系统等（图 2-5）。

如果人工智能没有进入智能家居，智能家居产品就不会拥有"会思考、能决策"的能力，也就不是真正的智能家居，而是简单的家庭自动化控制。在 21 世纪，人类必须学会与智能机器打交道，因为越来越多的机器人保姆、机器人司机、机器人秘书、机器人节目主持人以及网络机器人、虚拟机器人、人形机器人、军事机器人等将推广应用，成为机器人学新篇章的重要音符和旋律。

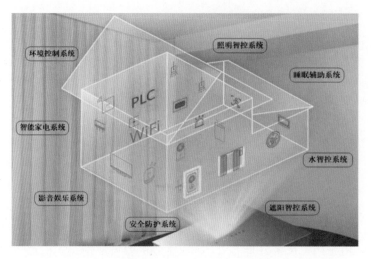

图 2-5　智能家居系统（图片来源：华为官网）

2.4　智能机器：上天入海

　　2015 年 8 月，中国自主研制的"彩虹-5"大型察打一体无人机在甘肃实现了首飞，从外形尺寸到起飞质量都达到了国际领先水平。2017 年 7 月，"彩虹-5"量产型无人机（图 2-6）首飞，通过了 8000m 高度升限巡航、3500m 高原起降等性能测试。"彩虹-5"无人机翼展超过 20m，起飞质量超过 3t，通过使用 6 个复合挂架，可挂载多达 16 枚空对地、空对空精确制导武器，最大载荷达到了 1t，能执行诸如联合对地监视、指挥控制、电子信息侦察与对抗、战场综合态势感知等任务。

图 2-6　"彩虹-5"无人机（图片来源：网易）

　　对大多数人来说，无人机只是一种新奇的小玩意，是一种有趣的玩具，可以在附近飞行，从空中拍摄影像。然而，随着应用领域的不断拓宽，无人机已经在各种各样的环境下被使用，对各行各业产生了深远的影响。在军用领域，无人机用于安全监控、安全检查、边境监控和风暴追踪，就如前面提到的"彩虹-5"无人机，甚至可配备导弹和炸弹，以保护部队人员的生命，完成作战任务；在民用领域，无人机在航拍领域表现出色，被称为"会飞的相机"，让人们能够从天空鸟瞰世界，越来越多的航拍作品由无人机爱好者创作出来。

接下来介绍一个人工智能和无人机技术在民用领域的应用。英特尔公司有一款名为SnotBot 的无人机，其可以在茫茫大海上追踪鲸鱼，以了解和分析鲸鱼的健康状况和海洋环境状况。鲸鱼的喷水富含生物数据，包括 DNA、压力和怀孕激素、病毒、细菌和毒素等，研究人员通过 SnotBot 无人机可以待在离鲸鱼较远的船上远距离收集鲸鱼的喷水、鼻涕以及鲸鱼浮上水面时呼气的声音数据，确保不会惊扰到它们（图 2-7）。

图 2-7 SnotBot 无人机项目（图片来源：机器人在线）

在阿拉斯加海峡上，观察人员戴着头盔和防割手套，将大型四旋翼无人机举过头顶进行放飞。当鲸鱼刚刚出现又浸入水面以下时，无人机飞行员开始启动发动机，SnotBot 的引擎嗡嗡作响，随时等候收集鲸鱼的喷水、鼻涕以及鲸鱼浮上水面时呼气的声音。SnotBot 项目始于 2017 年年初，其标配包括用于导航的前置摄像头、避免碰撞检测器、用于跟踪高度的超声波和气压传感器以及 GPS（Global Positioning System，全球定位系统）定位器。研究人员通过深度学习算法分析采集到的大量图像，并使用人工神经网络算法提取鲸鱼的关键区别特征。SnotBot 对于每个任务，收集目标略有不同，因此团队会相应地调整飞行器的设计。

目前，无人机发展的智能化趋势越来越明显，一方面是消费者对无人机的功能性需求不断提升，另一方面是复杂的工业应用场景对无人机提出了更多技术要求与更高的安全要求。无人机智能化研发正在不断深入，随着人工智能技术与无人机领域的不断融合，无人机将集成先进的机器人技术和算法技术以及丰富的传感器和任务设备，可以自动化、智能化地完成各项复杂的任务。与此同时，无人机将与 VR（Virtual Reality，虚拟现实）技术、大数据、云计算、互联网、物联网相结合，成为具备智能视觉、深度学习的"空中智能机器人"，能够自适应、自诊断、自决策、重规划，完全脱离人机一体的实体操作，实现飞行轨迹、操作控制的全过程数字化与自动化。

人类一直幻想着有朝一日能飞上天空，如今梦想已变为现实，我们不仅飞上了蓝天，还到太空遨游。宇宙之大，还有很多人类从未到过的地方。1997 年，美国研制的探路者空间移动机器人完成了对火星表面的实地探测,取得大量有价值的火星资料,为人类研究与利用火星做出了贡献,被誉为 20 世纪自动化技术的最高成就之一。2020 年 11 月 24 日,我国"长征五号"遥五运载火箭搭载"嫦娥五号"探测器成功发射升空并将其送入预定轨道,同年 12 月 1 日,"嫦娥五号"在月球正面预选着陆区着陆,随后"嫦娥五号"返回器携带月球样品着陆地球(图 2-8)。"嫦娥五号"任务是中国探月工程的第六次任务,也是中国至今航天最复杂、难度最大的任务之一,实现了中国首次月球无人采样返回,助力月球成因和演化历史等科学研究。

图 2-8　"嫦娥五号"探测器(图片来源:新华社)

随着航天技术的飞速发展,航天设备越来越趋向高度机械化、复杂化和智能化,单纯地依靠地面远程操控以及航天员在轨协助已远远不能满足任务需求,人工智能技术和人机混合智能技术的深入研究成为解决航天技术发展中关键问题的关键因素。虽然人工智能在航天领域中的应用尚在初期阶段,但其优势不言而喻。无论是卫星发射还是载人航天,成本都相当高,危险系数大,因此这类工作都在向无人化倾斜。无人化智能处理的很大一部分工作是对传感器回传图像资料进行分析处理,而图像分析是人工智能擅长的技术之一。此外,航天领域是一个数字化、信息化程度相当高的领域,能够积累大量原始数据,利用人工智能技术能够很好地挖掘这些数据中隐含的信息。目前,人工智能技术在航天领域已经应用的成熟技术包括航天器故障诊断、模拟/仿真、调度、跟踪监视、配置以及在轨实验等。

2021 年 6 月 17 日,长征二号 F 遥十二运载火箭搭载神舟十二号载人飞船从中国酒泉卫星发射中心点火发射。神舟十二号载人飞船采用自主快速交会对接模式与"天和"核心舱进行对接,中国航天员成功进入了属于我们自己的空间站(图 2-9)。从嫦娥奔月神话,到敦煌壁画飞天,再到神舟遨游太空,伟大的中国梦变成了现实。

能上天,就能入海,在人类探索海洋的过程中,人工智能的应用越来越深入,高科技智能设备层出不穷。近年来,水下机器人,特别是海洋机器人,成为各方关注和研究的热点。

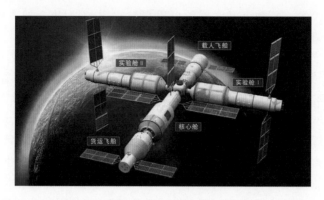

图 2-9　中国空间站（图片来源：中华网）

水下机器人不仅可用于军事、科考等领域，在渔业、船舶、监测乃至娱乐方面也有巨大的潜在市场，已经成为海洋考察和开发的重要工具，应用日益广泛。随着科技的发展，水下机器人的新产品、新设计不断涌现，已广泛应用于海洋考察、水下工程、海底隧道建筑、海底探矿和采矿、打捞救助和军事活动等方面。2018 年 10 月，由我国自主研制的"海星 6000"有缆遥控水下机器人在首次科考应用中突破 6000m 最大下潜深度，创下我国有缆遥控水下机器人的最大下潜深度纪录。"海星 6000"连续工作 3h，完成了近海底航行观察、生物调查、海底特征表层沉积物获取、泥样和水样采集、模拟黑匣子搜索打捞等工作。

　　2012 年 6 月，由中国自行设计、自主集成研制的"蛟龙号"载人潜水器（图 2-10）在马里亚纳海沟创造了下潜 7062m 的中国载人深潜纪录，也是当时世界同类作业型潜水器最大下潜深度纪录，标志着中国具备了载人到达全球 99% 海底的作业能力。"蛟龙号"载人潜水器的研制始于 2002 年，2009—2012 年期间，接连取得 1000m 级、3000m 级、5000m 级和7000m 级海试成功。

图 2-10　"蛟龙号"载人潜水器（图片来源：澎湃新闻）

　　"蛟龙号"载人潜水器的操控系统主要包括航行控制、综合显控、水面监控、数据分析、半物理仿真等部分，可以实现自动定向航行、自动定高航行和自动定深航行。只要驾驶员设定好方向、高度,"蛟龙号"载人潜水器就可以自动航行,不用担心偏离航线,与海底保持一定高度的同时与海平面保持一定的距离。

"蛟龙号"载人潜水器研制成功之后,中国又开展了"彩虹鱼号"载人深潜器的研制。"彩虹鱼号"载人深潜器是中国首艘万米深渊级载人深潜器,其技术和下潜深度都超出可下潜 7200m 的"蛟龙号"载人潜水器。与此同时,中国还在开展"奋斗者号"载人深潜器(图 2-11)的研制工作,2020 年 11 月 10 日,"奋斗者号"在马里亚纳海沟成功坐底,创造了 10909m 的中国载人深潜新纪录。国际海洋科学界将海深 0～1000m 称为"浅海",将 1000～3000m 称为"半深海",将 3000～6000m 称为"深海",将 6000～11000m 称为"深渊"。深渊区内的海洋生物、海洋生态、海底地质等对地球生态、气候、生命起源、地震预报等研究具有重要作用。"奋斗者号"载人深潜器下潜 10909m,将可以开展海洋科学研究中最薄弱、最前沿领域的研究。

图 2-11　"奋斗者号"载人深潜器(图片来源:新华网)

载人潜水器主要用来执行水下考察、海底勘探、海底开发和打捞、救生等任务,可以作为潜水人员水下活动的作业基地;还可以完成多种海洋复杂任务,如海底资源勘查、水下设备定点布放、海底电缆铺设和管道检测等。载人潜水器这种具备水下观察和作业能力的潜水装置,是人工智能、智能控制等技术在智能机器中的重要应用。载人潜水器,特别是深海载人潜水器,是海洋开发的前沿和制高点,是一个国家材料学、控制学、海洋学等领域的综合科技实力体现。无论是"蛟龙号""彩虹鱼号",还是"奋斗者号"载人深潜器,都是我国高科技实力和发展水平的重要标志。

载人潜水器主要采用智能控制技术驱动潜水器自动运行,智能控制指由智能机器自主实现其目标的过程。智能机器一般指在结构化或非结构化的、熟悉的或陌生的环境中,自主地或与人交互地执行人类规定任务的一种机器。智能控制以控制理论、计算机科学、人工智能、运筹学等学科为基础,扩展了相关的理论和技术,应用较多的有模糊逻辑、神经网络、专家系统、遗传算法等理论,以及自适应控制、自组织控制和自学习控制等技术。智能控制涉及许多复杂的系统,这些系统往往难以建立有效的数学模型和用常规控制理论进行定量计算与分析。换句话说,智能控制的研究对象往往具有不确定性的数学模型、高度的非线性和复杂的任务要求,传统的控制理论和方法难以解决这些复杂系统的控制问题,必须采用定量数学解析法与基于知识的定性方法的混合控制方式,而这些都离不开人工智能。

星际探索机器人能够飞往遥远的不宜人类生存的太空,进行星球和宇宙探测。海洋探索机器人能够潜入黑暗的人类无法到达的深海,进行生物和矿产探测。微型机器人和直径为几百微米甚至更小的纳米级医疗机器人可以直接进入人体器官,对各种疾病进行诊断和治疗,而不伤害人的健康。智能机器人已广泛应用于体育和娱乐领域。足球机器人和机器人足球比赛集高新技术和娱乐比赛于一体,是科技理论与实际密切联系的极富生命力的创意,已引起社会的普遍重视和各界的极大兴趣。可以想象,再过50年,在国际足坛机器人足球队与国际足球队比赛的场景,将是多么令人期待。人工智能在智能设备制造中的应用都极其广泛,这些智能设备均采用程序进行控制。无论是高级语言程序还是汇编语言程序,在程序设计过程中,任何一个符号错误都会导致整个程序无法运行,条件设置不当会导致运行结果与期望值天差地别。智能设备在运行过程中出现的小错误都有可能带来严重的损失,容不得半点马虎大意。当代大学生作为社会主义接班人,必须具备"工匠精神",方可雕琢出令人满意的作品,服务祖国的建设发展。

2.5 智慧交通：四通八达

车牌识别系统是计算机视频图像识别技术在车辆牌照识别中的一种应用(图2-12)。车牌识别在高速公路车辆管理中应用广泛,ETC(Electronic Toll Collection,电子不停车收费)系统中就结合了专用短程通信技术进行车辆身份的识别。车牌识别技术要求能够将运动中的汽车牌照从复杂背景中提取并识别出来,通过车牌提取、图像预处理、特征提取、车牌字符识别等技术识别车辆牌号、颜色等信息。目前,最新的车牌识别技术对字母和数字的识别率可达99.7%,对汉字的识别率可达99%。

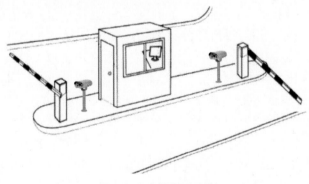

图 2-12 车牌识别系统

车牌识别是一项利用车辆的动态视频或静态图像进行牌照号码、牌照颜色自动识别的模式识别技术。它以数字图像处理、模式识别、计算机视觉等人工智能技术为基础,通过对摄像机拍摄的车辆图像或者视频序列进行分析,得到每辆汽车唯一的车牌号码,从而完成识别过程。车牌识别系统是现代智能交通系统中的重要组成部分,硬件一般包括触发设备、摄像设备、照明设备、图像采集设备、识别车牌号码的处理机等,可以实现停车场收费管理、车辆定位、汽车防盗、交通流量控制指标测量、高速公路超速自动化监管、闯红灯电子警察、公路收费站等功能,对于维护交通安全和城市治安,防止交通堵塞,实现交通自动化管理有重要的意义。

车牌识别系统安装于建筑物出入口,记录进出车辆的车牌号码和出入时间,与自动门、栏杆机等控制设备结合,实现车辆的自动管理。车牌识别系统应用于停车场,可以实现自动计时收费,自动计算可用车位数量并给出提示,实现停车收费自动管理,节省人力物力,提高管理效率。车牌识别系统用于高速公路,结合测速设备抓拍超速车辆并识别车牌号码,实现车辆超速违章处罚。车牌识别技术还有很多其他应用,这里就不再一一赘述。

人工智能在智慧交通中的另一个重要应用是人脸识别,与车牌识别类似的人脸识别技术在人脸识别闸机系统中得到了充分的应用。人脸识别也称为面部识别或人像识别,指基于人的脸部特征信息,运用计算机技术进行身份确认和识别的一种生物识别技术。人脸识别涉及计算机视觉和图形图像处理技术。需要指出的是,人工智能并不是全部围绕知识处理来展开的,计算机视觉就是人工智能领域的一个重要分支。当前,计算机视觉已经成为一门独立的学科,研究聚焦在实时并行处理、三维景物建模与识别、实时图像压缩传输与复原、动态和时变视觉、主动式定性视觉、多光谱和彩色图像的处理与解释等方面。计算机视觉已经在卫星图像处理、飞行器跟踪和制导、工业过程监控、机器人装配、电视实况转播等领域获得极为广泛的应用。另外,图形图像处理自身既是一个独立的理论和技术领域,同时又是计算机视觉中的一项十分重要的支撑技术,是指基于计算机的自适应于各种应用场合的图形图像处理分析技术。具备智能化图形图像处理的计算机视觉相当于人们在赋予机器智能的同时为机器装备了"眼睛",让机器能够看得见,可以模拟人类的眼睛进行测量和判断。

人脸识别系统的研究始于20世纪60年代,随着机器视觉和光学成像技术的发展,人脸识别技术水平在20世纪80年代得到不断提高,在20世纪90年代进入初级应用阶段。随着技术的不断发展,人脸识别的准确率越来越高,目前已经超越人眼识别的准确率。人脸识别技术已广泛应用于多个领域,如金融、司法、公安、边检、航天、电力、教育、医疗等。2018年10月26日开始,乘坐广州地铁三号线的乘客可以"刷脸"进站。2019年9月9日,智慧地铁示范车站在广州地铁广州塔站和天河智慧城站正式上线(图2-13),安检与票务合二为一,实现了全息感知精准服务、设备智能诊断和健康管理等功能,提高了地铁服务质量和运维效率,同时保障了运营安全。目前,人脸识别闸机均采用一体化设计,高视角远程采集人脸,结合深度学习识别算法,乘客可以无停顿快速通行检测。

人脸识别技术属于计算机视觉应用,计算机视觉通常可分为低层视觉与高层视觉两类。低层视觉的目的是突显所观察对象,执行预处理功能,如边缘检测、运动目标检测、纹

图 2-13　广州地铁体育西路站和广州塔站人脸识别系统（图片来源：新京报）

理分析,通过阴影获得形状、立体造型、曲面色彩等;高层视觉的目的是理解所观察对象,运用知识处理进行推理。人脸识别是基于人的脸部特征信息进行身份识别的一种生物识别技术。首先判断输入的人脸图像或者视频流是否存在人脸,进一步给出人脸的位置、大小,以及各个主要面部器官的位置信息;然后进一步提取每张人脸中所蕴含的身份特征,并将其与已知的人脸进行对比,从而识别每张人脸的身份。人脸识别实际上包括人脸图像采集、人脸定位、人脸识别预处理、身份确认以及身份查找等一系列相关技术。

　　人脸识别技术被广泛应用于政府、军队、银行、社会福利保障、电子商务、安全防务等领域。如人脸识别门禁考勤系统,早在 2012 年,无锡市就采用物联网人脸识别技术规范建筑市场,无锡的建筑工地每天通过物联网技术进行人脸识别,通过考勤管理,确保项目负责人到位;再如电子护照,国际民航组织已确定从 2010 年起,其 118 个成员国家和地区必须使用机读护照,人脸识别技术是首推识别模式,该规定已经成为国际标准。有一个关于人脸识别技术应用的有趣案例:某歌星获封"逃犯克星",因为警方利用人脸识别技术在其演唱会上多次抓到了在逃人员,如 2018 年 4 月南昌演唱会,安保人员通过人像识别系统锁定了看台上的一名观众,事后证实该观众是一名逃犯;2018 年 5 月嘉兴演唱会,犯罪嫌疑人在通过安检门时被人脸识别系统识别出是逃犯,随后被警方抓获。随着人脸识别技术的进一步成熟和社会认同度的提高,人脸识别技术将应用在更多领域。

　　2005 年,一辆名为 Stanley 的无人驾驶汽车以平均 40km/h 的速度跑完了美国莫哈维沙漠中的野外地形赛道,用时 6 小时 53 分 58 秒,完成了约 282km 的驾驶里程。Stanley 通过外部装备的摄像头、雷达、激光测距仪等装置感应周边环境,通过内部装备的自动驾驶控制系统完成指挥、导航、制动和加速等操作。2006 年,卡内基梅隆大学研发了无人驾驶汽车 Boss,Boss 能够按照交通规则安全地驾驶通过附近有空军基地的街道,并且会避让其他车辆和行人。

　　2013 年,百度无人驾驶车项目启动,其技术核心是"百度汽车大脑",主要包括高精度地图、定位、感知、智能决策与控制四大模块,可自动识别交通指示牌和行车信息,具备雷达、相机、全球卫星导航等电子设备,并安装同步传感器。用户只需要设定好目的地地址,汽车即可自动行驶前往目的地,同时将行驶过程中的路况信息实时上传,在大量数据基础上进行实时定位分析,从而判断行驶方向和速度,实现自动驾驶。2020 年 10 月 11 日起,百度自动驾驶出租车服务平台 Apollo Go 在北京全面上线,北京市民可以在北京经济技术开发区、海淀区、顺义区的数十个自动驾驶出租车站点直接下单免费试乘自动驾驶出租车。2021 年4 月 7 日,百度研发制造的 35 辆"阿波罗"自动驾驶汽车首次获得了商业运营许可。

　　无人驾驶汽车是智能汽车的一种,主要依靠车载计算机系统的智能驾驶控制器实现无人驾驶。美国、英国、德国等发达国家从 20 世纪 70 年代就开始无人驾驶汽车的研发,中国从 20 世纪 80 年代起也开始了无人驾驶汽车的研究。无人驾驶汽车的核心是车辆的自动驾驶系统,它是一个涵盖了多个功能模块和多种技术的复杂软硬件结合的系统。在机器学习、大数据和人工智能技术大规模崛起之前,自动驾驶系统和其他的机器人系统类似,整体解决方案基本依赖于传统的优化技术来实现。随着人工智能和机器学习在计算机视觉、自然语言处理以及智能决策领域获得重大突破,学术和工业界也逐步开始在无人驾驶汽车的各个模块中进行基于人工智能和机器学习的探索,当前的无人驾驶汽车已经集成了多项人工智能技术,功能日趋先进。目前,自动驾驶已经成为人工智能极具前景的应用之一。无人驾驶汽车道路运行示意如图 2-14 所示。

图 2-14　无人驾驶汽车道路运行示意图

　　无人驾驶汽车集成了多个子系统,包括自适应巡航、偏离车道警报系统、防撞系统、停车辅助、制动辅助、侧面防撞等。同时运用了大量的人工智能技术,包括环境感知、标识识别、行为决策和车辆控制。

　　无人驾驶汽车的环境感知是实现汽车无人驾驶的基础。通常来说,无人驾驶汽车的感知模块必须非常完备才能保证其安全性,这也是传统车辆所不具备的。感知模块通常由摄像头、激光雷达、毫米波雷达等部分组成。摄像头主要用于获取图像信息,识别行人、车辆、树林、信号灯、信号牌等;激光雷达主要用于获取激光扫描反射数据,通过测量激光信号的时间差、相位差确定距离,通过水平旋转扫描测量角度,通过获取不同俯仰角度的信号确定高度,从而建立三维坐标系,并以此识别障碍物并进行定位,激光雷达是感知模块的核心,因为激光雷达精度高,可靠性高,满足了自动驾驶高精度定位、识别等功能,激光雷达技术的成熟直接加速了自动驾驶技术的工程应用；毫米波雷达主要用于获取反射数据，识别障碍物和测距，在传统汽车上安装用于辅助避障。

无人驾驶汽车的标识识别通常包括车道识别、交通标志识别、车辆行人识别和运动跟踪。目前，卷积神经网络是处理标识识别的最佳技术，标识识别也是无人驾驶行为决策的基础。

无人驾驶汽车的行为决策系统也称为驾驶决策系统，包括全局的路径规划导航和局部的避障避险，以及常规的基于交通规则的行驶策略。行为决策系统使用的技术大概分为三类：基于推理逻辑和规则的技术、快速优化的遗传算法以及神经网络技术。

无人驾驶汽车的车辆控制系统主要与人工智能中的神经网络模糊控制、比例积分微分控制相关联。

无人驾驶汽车感知模块的发展离不开机器视觉的发展。机器视觉其实就是给计算机系统配备输入信号采集装置，以便其能够感知周围的物体，在人工智能中研究的感知过程通常包含一组操作。机器视觉通常可分为低层视觉与高层视觉两类。低层视觉主要执行预处理功能，目的是使被观察的对象突显出来，进行诸如边缘检测、运动目标检测、纹理分析、立体造型、曲面色彩获取等；高层视觉主要执行理解功能，目的是理解所观察的物体，在这一阶段的理解是围绕着知识处理来展开的，显示出了掌握与所观察的对象相关联的知识的重要性。

目前，机器视觉已从模式识别的一个研究领域发展为一门独立的学科。机器视觉的前沿研究领域包括实时并行处理、动态和时变视觉、主动式定性视觉、三维景物的建模与识别、多光谱和彩色图像的处理与解释、实时图像压缩传输和复原等。机器视觉已在机器人装配、卫星图像处理、工业过程监控、飞行器跟踪和制导以及电视实况转播等领域获得了极为广泛的应用。

随着人工智能技术的发展，轨道交通与人工智能逐步融合，云计算、大数据、深度学习、自然语言、生物读取等多种人工智能技术在轨道交通方面的应用越来越多。列车控制系统是轨道交通运行的大脑和神经，其中又以列车的智能调度最为重要。传统列车控制系统主要依靠在轨道交通线路上安装大量的轨旁电子设备来实现列车的定位和控制，维护工作量较大，系统可靠性也受到影响。随着北斗卫星导航技术、5G 通信、大数据、人工智能等新技术的成熟应用，轨道交通智能列控系统正逐步走向成熟。

2018 年 3 月，北京地铁燕房线开通，成为我国首条自主化全自动运行的地铁（图 2-15）燕房线的成功运行离不开人工智能技术。北京地铁燕房线列车每天清晨自动唤醒、自检、出库，到站后发车、行驶，停靠站、折返，结束运营后自动回库、自动洗车和自动休眠，各项任务均由列车自行完成，不需要人为操控。燕房线列车配备了电子眼，运行中若检测到前方轨道有异常情况，车辆将在 1s 内自行制动，以确保安全运行。燕房线列车控制系统可以减少 10%～15% 的能源消耗，节约了大量的资源和成本，同时可有效降低运行误差，使列车运行更加平稳顺畅，乘车体验更好。

列车控制系统利用人工智能、计算机技术、控制技术等现代科技手段取代了传统的行

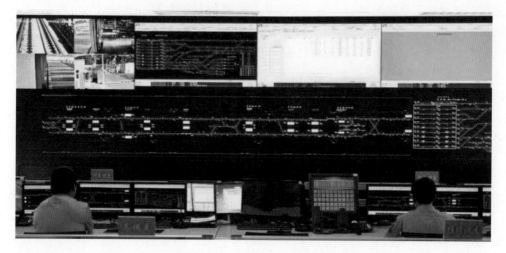

图 2-15   北京地铁燕房线列车控制系统(图片来源:新华网)

车指挥,并结合先进的通信、信号、网络、数据传输、多媒体等现代信息技术手段,在保证网络安全的前提下,与轨道交通相关系统紧密结合、互联互通、信息共享,实现了列车运输组织的科学化、现代化,增加了运能,提高了效率,减轻了劳动强度,改善了工作环境。人工智能为城市轨道交通提供了更精细化的运营方案,减少了人为因素在驾驶、检修、调度等方面的影响,也让轨道交通运行变得更严谨。

最佳调度或最佳组合的求解一直是人们感兴趣的问题。早在 1848 年,国际象棋棋手马克斯·贝瑟尔提出的八皇后问题就是其中之一。八皇后问题是指在一个 8×8 格的国际象棋棋盘上摆放 8 个皇后,使其不能互相攻击,即任意两个皇后都不能处于同一行、同一列或同一斜线上,问有多少种摆法。到了 1959 年,Dantzig 等人提出的旅行推销员问题也是其中之一。旅行推销员问题是给定一系列城市和每对城市之间的距离,求解访问每一座城市一次并回到起始城市的最短回路。这是组合优化中的一个 NP 难题,在运筹学和理论计算机科学中非常重要。

这类问题一般有多种解决方案,我们需要做的是从可能的组合或序列中选取一个最优答案。然而,这些组合或序列的范围很大,试图求解这类问题的程序会产生一种组合爆炸的可能性,因此可能耗费大量的时间。这类问题求解的复杂度随着问题大小的某种量度不同而发生变化,如在八皇后问题中,棋盘格子的数量就是问题大小的一种量度;在旅行推销员问题中,城市的数目就是问题大小的一种量度。这类问题的求解难度将随着问题大小按线性、或多项式、或指数方式增长,当出现指数方式增长时,问题求解的难度将被无限放大。在列车调度中也是如此,随着列车数量与运行线路的增加,调度的复杂度将迅速增长。人工智能专家们曾经研究过若干组合问题的求解方法,他们的努力集中在使"时间-问题大小"曲线的变化尽可能缓慢地增长。

智能组合调度与指挥方法已被应用于汽车运输调度、列车的编组与指挥、空中交通管制以及军事指挥等系统,引起了有关部门的高度重视。例如,我国的新型列控系统将利用北斗卫星导航技术、5G 通信技术等构成空天地一体化,与传统列控技术相比,新型列控系统将实现轨旁电子设备从多到少、从有到无的转变,而这一转变离不开列车精确定位、多元融合测速、列车完整性检查、移动闭塞等关键技术难题的解决,更离不开人工智能技术的发展。在未来,随着人工智能不断地进步和完善,轨道交通和各种新兴技术的结合带给人们的便利远不止这些,大量的轨道交通数据能为城市的发展发挥巨大的作用,如对学校规划、商圈布局、住宅区的选址提出更多有价值的建议。

2.6　智慧教育：泛在学习

　　人工智能并不是为教育而生的,但随着人工智能的不断发展,其在教育中的应用也越来越广泛,教育的智能化一直是教育界和教育技术领域的理想和目标。目前,在教育领域,人工智能的实施包含两个方面:一是人工智能课程,主要包括中小学信息技术必修课程中与人工智能相关的内容,以及人工智能选修课程;二是人工智能在学科教学中的应用,即人工智能为学校的教育教学提供了丰富的教育资源和科学的教育测评方法。人工智能对弥补当前教育存在的种种缺陷和不足,推动教育发展改革和教学现代化进程起着越来越重要的作用。

　　人工智能在教育中主要应用于智能教学系统、智能仿真教学系统、智能考试系统和智能反馈评测系统。智能教学系统是人工智能技术在教育中的重要应用之一,是对计算机辅助教学相关研究的进一步发展。智能教学系统旨在为学生创造一个优良的学习环境,使学生可以方便快捷地调用各种资源,接受全方位的学习服务,以获得学习的成功。当前的智能教学系统主要依靠智能主体技术进行构建,通过建立教师主体、学生主体、教学管理主体等,可以根据不同学生的特点制定和实施相应的教学策略,为学生提供个性化的教学服务。基于网络的分布式智能教学系统是目前智能教学系统的最新发展方向,它可以使原本相隔在不同地区的学生在虚拟的环境中共同学习,充分利用网络资源,发挥学习者的主动性,带来更好的教学效果。

　　岭南师范学院未来教育空间站就是智能教学的典型案例,其中的网真教室融合了人工智能技术、计算机技术、多媒体技术、通信技术等多项内容,可以把异地正在进行教学活动的课堂全景实时呈现在本地并与本地课堂整合为一个能够双向可视互动的教学场景(图 2-16)。网真教室中的教学不再以黑板为信息载体,而是通过屏幕墙展示教学主体内容,并使用包括一体机、摄像机、拾音器、录播系统、电子书包等在内的一系列功能强大的软硬件配置,将多个异地网真课堂融为一体,构建一个虚拟化、情境化的高效教学环境,提供身临其境的沉浸式体验。

　　实验教学是非常重要的一个教学环节,人工智能与仿真技术高度集成的智能仿真技术可以克服传统仿真模型及建模方法的局限性,解决建模艰巨、界面单调和结果费解等方面的问题。人工智能应用在实践教学中可以替代传统仿真并具有一定的学习能力,以此设计

图 2-16　网真教室(图片来源:搜狐网)

的实验教学可以极大地节省人力物力,降低实验成本。

　　传统教学的最大困难在于教师难以准确把握每个学生真实的学习情况,导致教学设计与过程难以聚焦到每个学生的真实学习需求,造成时间、精力以及教学资源的浪费。人工智能技术融合下的智慧教学平台能全面精准地记录全班学生的学习状态和效果,快速、准确地帮助教师分析各个环节的得失,从而及时有效地调整教学策略,帮助教师实现分层教学和精准教学。借助人工智能技术对学生的学习过程数据进行搜集及分析,便于教师了解学生对知识、技能的掌握情况,从而可以为学生及教师找到精准有效的分析数据,教学将由经验型向科学型转变,有效解决了教与学双方的核心问题,真正做到教学相长。人工智能的融入让学生可以找到自己的不足,更加高效地提升自己的学习成绩,让教师可以掌握学生整体的学习情况,从而对自身的教学方式及教学内容进行优化,提升教学的科学性及有效性。人工智能的研究成果应用到教育过程中将提高教育的工作效率,产生新的教学模式。

2.7　智慧医疗:幸福民生

　　专家系统是人工智能中的一个主要分支,人类历史上第一个专家系统 DENDRAL 由斯坦福大学的费根鲍姆等科学家于 1968 年研制开发完成,DENDRAL 能够使有机化学的决策过程和问题解决自动化。专家系统也称为知识库专家系统或专家咨询系统,专家系统其实就是一个智能计算机程序系统,一个具备大量专业知识和经验的自动程序系统。专家系统的迅速发展和成功应用标志着人工智能从学科研究走向实际应用,是基于知识库的知识利用系统,是人工智能应用的典型代表。

　　可以把专家系统理解为一种具备智能的计算机程序,在这个系统里事先录入了某个领域的专业知识,专家系统在接受询问时会根据这些专业知识进行推理和判断,模拟人类专家的决策过程,以解决那些需要专家决定的复杂问题。专家系统的结构示意图如图 2-17所示。

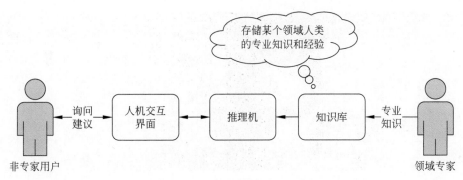

图 2-17　专家系统的结构示意图

　　专家系统通常包括知识库、推理机、人机交互界面三部分,其核心是知识库,知识库中的知识都来源于各个领域的专家,因此专家系统也被称为基于知识的系统。专家系统中的问题求解过程是通过知识库中的领域知识来模拟专家的思维方式实现的,因此知识库中领域知识存储的数量和质量决定了专家系统的质量水平。推理机执行推理过程,专家系统通过推理机找到问题的解决方案,推理引擎链接知识库中的规则和数据库中的事实。人机交互界面是实现非专家用户和专家系统之间交流的途径,用户能够通过人机交互界面输入必要数据、提出问题和了解推理过程及推理结果,专家系统能够通过人机交互界面回答用户提出的问题并做出必要的解释。

　　近年来,专家系统广泛应用于工业过程控制、医学、地质学、农业、信息管理、电力电子、电气传动、军事科学和空间技术等领域,其中最具代表性的是普通用户可以与专家系统进行“咨询对话”,就如同与专家面对面交流一样。医疗诊断系统把人工智能技术应用于医疗决策,把医学专家的知识和经验存储在计算机内,通过人机对话进行类似医学专家的推理和诊断,并达到或者接近医学专家的诊断水平(图 2-18)。医疗诊断系统是专家系统的一个重要应用,可以解决的问题一般包括解释、预测、诊断、提供治疗方案等。早在 1971 年斯坦福大学的 Shortiffe 等就研制了血液感染病医疗诊断系统 MYCIN,是专家系统的一个成功案例。

　　医疗诊断系统能辅助并引导经验不足的医生学会怎样从患者症状出发、确定患病的种类及相应的治疗方法。我们知道,患者症状各不相同,患病种类繁多,针对性治疗方案的选择绝非易事,领域专家尚且如此,专家系统想要做出选择则更加困难。医疗诊断系统需要事先存放大量领域专家长期积累的知识和经验,并将这些知识和经验形成规则,这些规则称为产生式规则。产生式规则的形式为“如果……那么……”,是目前专家系统广泛使用的推理方式之一。当系统获得一个数据且与某个“如果”相一致时,则产生相应的“那么”数据,遇到新的“如果”,再继续搜寻是否存在与这个新的“如果”相匹配的规则,直至最后。当使用医疗诊断系统进行医疗诊断时,医生通过系统的人机交互界面将患者数据录入系统,系统将外来数据不断与内部知识进行匹配,直到获得最终结果,提供诊断结果和治疗方案。

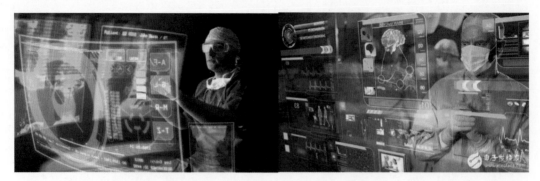

图 2-18　医疗诊断系统(图片来源：天极网)

目前,世界上比较著名的医疗诊断系统有青光眼医疗诊断系统 CASNET、内科病医疗诊断系统 INTERNIST-1、肾病医疗诊断系统 PIP、处理精神病的系统 PARRY 等。我国研究者在中医专家系统方面做了大量的工作,有一些已投入实际应用,促进了我国中医药水平的不断发展。随着人工智能整体水平的提高,医疗诊断系统也将获得新的发展,分布式专家系统和协同式专家系统正在研发当中,这些医疗诊断系统的应用将更有利于临床疾病诊断与治疗水平的提高。

本章小结

人工智能作为科技创新产物,在促进人类社会进步、经济建设和提升人们生活水平等方面起到了越来越重要的作用。国内人工智能经过多年的发展,已经在安防、金融、客服、零售、医疗健康、市场营销、教育、城市交通、制造、农业等领域实现商用及规模效应。

目前,人工智能的研究及应用主要集中在基础层、技术层和应用层三个方面,其中基础层以 AI 芯片、计算机语言、算法架构等研发为主,技术层以计算机视觉、智能语音、自然语言处理等应用算法研发为主,应用层以 AI 技术集成与应用开发为主。国内人工智能企业多集中在应用层,技术层和基础层企业占比相对较小。未来随着 5G 的建设普及以及科技进步,人工智能除了在语音识别、计算机视觉技术方面继续拓展和实地运用外,在人工智能芯片、机器学习、神经网络等方面也将迎来增强趋势,人工智能会在越来越多的领域得到应用落地。与此同时,人工智能与物联网和大数据的结合也将更为紧密。AI 的介入让物联网有了连接的大脑,使得万物互联互通成为现实,未来或将颠覆现有的产业模式。

习题

1. 人工智能主要应用在哪些场景？

2. 语音识别的整个流程一般包括哪些步骤？

3. 计算机视觉可分为哪两类？各自有什么特点？

4. 什么是智能机器人？列举你所知道的智能机器人。

5. 无人驾驶汽车中运用了哪些人工智能技术？

6. 列控系统主要运用了哪些现代科学技术手段？

第 3 章

编程基础：认识程序

 **本章导读**

程序指为了完成某种特定功能，以某种程序设计语言编写的有序指令的集合。在计算机中，CPU 只能执行二进制代码，而平常用户书写的一般是人类能够理解的编程语言。因此，要想让计算机理解用户书写的程序，就需要将程序翻译为计算机能够理解的二进制代码。根据翻译形式的不同，程序设计语言可以分为编译型语言和解释型语言。

Python 是一个高层次的结合了解释性、编译性、互动性和面向对象的脚本语言。Python 的设计具有很强的可读性，相比其他语言经常使用英文关键字、标点符号，Python 的语法结构更有特色。本章内容是对 Python 基础知识的概览，旨在帮助初学者快速了解 Python 语言。

 **本章要点**

- Python 环境搭建
- 变量与基本数据类型
- Python 基本编程方法

3.1 环境搭建

3.1.1 安装 Python

Python 是跨平台的，要学习 Python，首先需将其安装到计算机上。下面介绍 Windows 10 平台上的 Python 安装过程。

第 1 步 根据 Windows 操作系统版本是 64 位还是 32 位，从 Python 官网(https://www.python.org/downloads/windows)下载对应的 Python 安装文件。这里强烈推荐安装 Python 3.x 版本，因为 Python 2.x 版本马上就不再支持。

注意：安装过程中应选中 Add Python 3.X to PATH 复选框，如图 3-1 所示，单击 Install Now 即可开始 Python 安装。默认会将 Python 安装到 C:\Python3X 目录下。

第 2 步 安装完成后，单击"开始"→"运行"，输入"CMD"后回车，打开命令提示符窗口，输入 python，会出现如下两种情况。

图 3-1　Python 安装

　　情况一：如果出现图 3-2 所示信息，说明 Python 安装成功。提示符号＞＞＞表示已处于 Python 交互环境中，可以输入任何 Python 代码，回车后会立刻得到执行结果。输入 exit（）并回车，即可退出 Python 交互环境（直接关闭命令行窗口，或者使用快捷键 Ctrl＋C 也可以）。

```
C:\Users\IEUser>python
Python 3.5.0 (v3.5.0:374f501f4567, Sep 13 2015, 02:27:37)
[MSC v.1900 64 bit (AMD64)] on win32
Type "help", "copyright", "credits" or "license" for more
information.
>>> _
```

图 3-2　Python 安装成功的提示信息

　　情况二：如图 3-3 显示一个错误信息，提示 Python 不是内部或外部命令，也不是可运行的程序或批处理文件。这是因为 Windows 操作系统会根据 Path 的环境变量设定的路径查找 Python.exe，如果没有找到，就会报错。多数情况下，这是由于安装 Python 过程中没有选中 Add Python 3.X to PATH 复选框。

```
C:\Users\IEUser>python
'python' is not recognized as an internal or external comm
and,
operable program or batch file.

C:\Users\IEUser>_
```

图 3-3　Python 安装不成功的提示信息

　　此时，需要通过以下方式将 Python.exe 所在的路径添加到 Path 中。
　　（1）右击"计算机"，在弹出的快捷菜单中选择"属性"命令，在打开的窗口中单击"高级系统设置"超链接。

（2）选择"系统变量"窗口下面的 Path，双击，在 Path 行添加 Python 安装路径即可。

3.1.2 安装 Anaconda

Anaconda 本质上是一个软件发行版，包含了 Conda、Python 等 180 多个科学包及其依赖项，支持 Linux、macOS、Windows 操作系统，可以很方便地解决多版本 Python 并存、切换以及各种第三方包的安装问题。安装了 Annaconda，就相当于安装了 Python、Conda 和可能用到的 NumPy、SciPy、Pandas 等常见的科学计算包，而无须再单独下载配置，如图 3-4 所示。

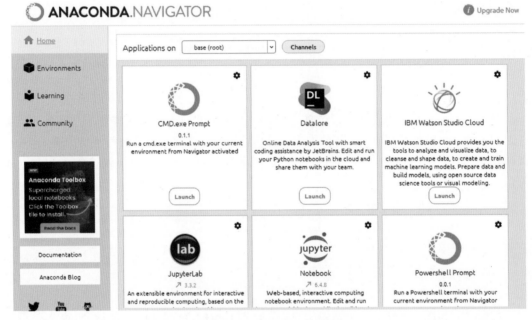

图 3-4 Anaconda 界面

Anaconda 对于 Python 初学者而言极其友好，相比单独安装 Python 主程序，选择 Anaconda 可以帮助省去很多麻烦。Anaconda 里添加了许多常用的功能包，如果单独安装 Python，则需要自行安装功能包，而在 Anaconda 中则不需要考虑这些，同时 Anaconda 还附带捆绑了两个非常好用的交互式代码编辑器（Spyder、Jupyter notebook）。

Anaconda 的安装步骤如下。

第 1 步 根据 Windows 操作系统版本是 64 位还是 32 位，从 Anaconda 官网（https://www.anaconda.com/download）下载对应的 Anaconda 安装软件，如图 3-5 所示。

第 2 步 下载 Anaconda 安装文件，双击安装文件，打开图 3-6 所示的界面，单击 Next 按钮，开始安装。

第 3 步 单击 I Agree 按钮，同意 Anaconda 的安装协议，如图 3-7 所示。

第 4 步 选择 Anaconda 的安装类型，这里默认第一个，单击 Next 按钮，如图 3-8 所示。

图 3-5 选择 Anaconda 的安装软件版本

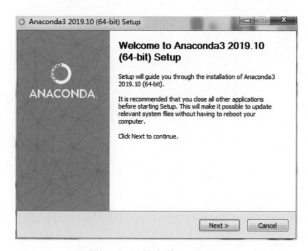

图 3-6 开始安装 Anaconda

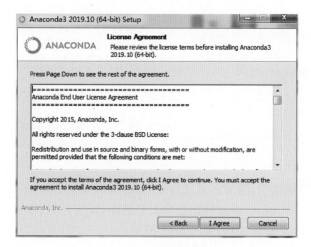

图 3-7 用户协议界面

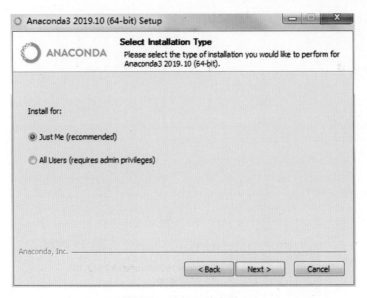

图 3-8　选择安装类型

第 5 步　选择安装位置,如图 3-9 所示。使用默认安装位置,单击 Next 按钮。

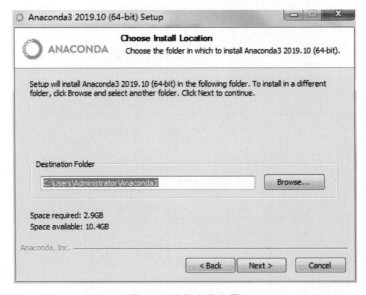

图 3-9　选择安装位置

第 6 步　安装高级选项,这里默认选择第二项,如图 3-10 所示,单击 Install 开始安装。

第 7 步　正在安装 Anaconda,界面显示安装进度,如图 3-11 所示。

第 8 步　Anaconda 安装成功,如图 3-12 所示。

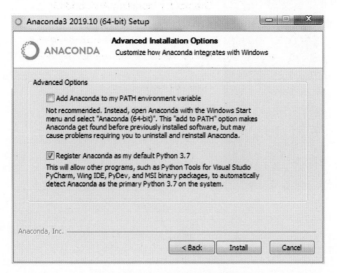

图 3-10　选择安装高级选项

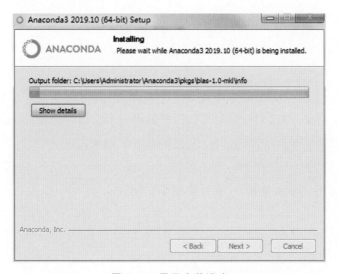

图 3-11　显示安装进度

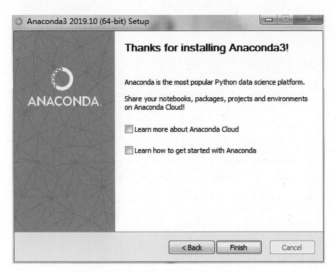

图 3-12　Anaconda 安装完成

3.2　输入和输出

1. 输出

产生输出的最简单方法是使用 print()函数,将要打印查看结果的字符串放入到括号内。例如,要输出"hello,world",用代码实现如下:

```
>>> print('hello, world')
```

print()函数通过逗号","分隔零个或多个字符串,使其可以连成一串输出。print()函数会依次输出每个对象,每遇到一个逗号",",就输出一个空格。例如:

```
>>> print("Python is really a great language,", "isn't it?")
Python is really a great language, isn't it?
```

print()函数也可以输出整数,或者计算结果。例如:

```
>>> print(300)
300
>>> print(100 + 200)
300
```

因此,可以把计算 100 + 200 的结果输出得更美观一点:

```
>>> print('100 + 200 =', 100 + 200)
100 + 200 = 300
```

注意,对于 100 + 200,Python 解释器自动计算出结果 300。但是,"100+200="是字符串而非数学公式,因此 Python 将其视为字符串。请读者自行解释上述输出结果。

2. 输入

Python 提供了 input()内置函数,可以从标准输入读入一行文本,默认的标准输入是键盘。input()函数可以接收一个 Python 表达式作为输入,并返回运算结果。例如,输入用户的名字:

```
>>> name = input()
CYH
```

当输入 name=input()并按 Enter 键后,Python 交互式命令行即在等待用户输入。这时,用户可以输入任意字符,按 Enter 键完成输入。例如:

```
>>> name
'CYH'
```

有了输入和输出,就可以把前面输出"hello,world"的程序改写为有意义的程序,如下:

```
>>> name = input()
>>> print('hello,', name)
```

运行上述程序,第一行代码会让用户输入任意字符作为自己的名字,并存入 name 变量中;第二行代码会根据用户的名字向用户说 hello。但是程序运行时,没有任何信息提示用户。幸好,input()可以显示一个字符串来提示用户,于是把代码改成:

```
>>> name = input('please enter your name: ')
>>> print('hello,', name)
```

再次运行该程序会发现,程序会首先输出"please enter your name:",此时用户即可根据提示进行输入。

3.3 变量

变量是编程中最基本的存储单元,变量存储内存中的值,这就意味着在创建变量时会在内存中开辟一个空间。对于基于变量的数据类型,解释器会分配指定内存,并决定什么数据可以被存储在内存中。因此,变量可以指定不同的数据类型。在计算机程序中,这些变量可以存储整数或浮点数,还可以是字符串。

每个变量在内存中创建时,都包括变量的标识、名称和数据等信息。每个变量在使用前都必须赋值,只有赋值以后该变量才会被创建。等号"="用来给变量赋值,等号"="左边是一个变量名,等号"="右边是存储在变量中的值。例如,英国作家道格拉斯·亚当斯(Douglas Adams)在著名科幻小说《银河系漫游指南》中虚构了一个故事:一台名为 Deep Thought 的计算机,通过 750 万年的计算,得到了生命、宇宙以及一切问题的答案是 42,如果用编程语言来表达,就是图 3-13 所示等式,一个称为 answer 的变量被赋值为 42。

$$\text{标识符} \xrightarrow{\quad} \underset{\text{值}}{\overset{\text{赋值符} \longrightarrow}{\mathbf{answer} = 42}}$$

图 3-13 变量赋值

3.4 数据类型

在 Python 程序设计中,内存中存储的数据可以有多种类型,每个值对应一种数据类型。例如,一个人的年龄可以用整数来存储,名字可以用字符来存储。但是,用户并不需要声明变量的数据类型,Python 会根据每个变量的初始赋值情况分析其类型,并在内部对其进行跟踪。Python 定义了 5 种标准的数据类型,包括 Number(数值类型)、String(字符串)、List(列表)、Tuple(元组)、Dictionary(字典),用于存储各种类型的数据。

3.4.1 数值类型

Number 数值类型用于存储数值,Python 3 支持以下 4 种不同的数值类型。

(1) 整型(Integer):是不包含小数部分的数值型数据,是正或负整数,不带小数点。Python 3 的整型类型没有限制大小,可以当作 Long 类型使用。

(2) 浮点型(Floating Point Number):或称为浮点数,表示实数,由一个小数点分隔的整数部分和小数部分组成。浮点数也可以使用科学记数法表示。

(3) 复数(Complex Number):由实数部分和虚数部分构成,形式如 $a + bj$,或者 complex(a,b),其中复数的实部 a 和复数的虚部 b 都是浮点型。

(4) 布尔型(Boolean):Python 3 中把 true 和 false 定义成关键字,但它们的值还是 1 和 0。

有时需要对数值内置类型进行转换,此时只需将数值类型作为函数名即可。数据进行类型转换时有如下 4 个函数可以使用:

(1) int(x):将 x 转换为一个整数。

(2) float(x):将 x 转换为一个浮点数。

(3) complex(x):将 x 转换为一个复数,实数部分为 x,虚数部分为 0。

(4) complex(x,y):将 x 和 y 转换为一个复数,实数部分为 x,虚数部分为 y。x 和 y 是数字表达式。

下面看几个常用的数值类型运算:

```
>>> 2 / 4          #除法,得到一个浮点数 0.5
0.5
>>> 2 // 4         #整除,得到一个整数 0
0
>>> 17 % 3         #取余,得到一个整数 2
```

```
2
>>> 2 ** 5        #乘方,得到一个整数 32
32
```

3.4.2　字符串

字符串是 Python 中常用的数据类型,是一个有序的字符集合。用户可以使用引号('或")创建字符串。创建字符串的方法很简单,只需为变量分配一个值即可。例如:

```
1 >>> str1 = "Hello Python!"
```

Python 的字符串列表有两种取值顺序:

(1) 从左到右索引默认从 0 开始,最大范围是字符串长度减 1。

(2) 从右到左索引默认从 -1 开始,如图 3-14 所示。

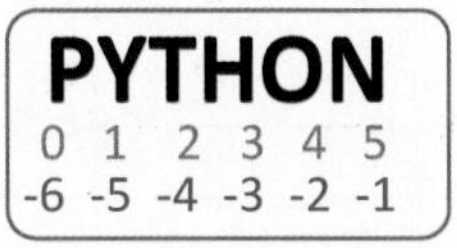

图 3-14　字符串索引

如果要实现从字符串中获取一段子串,可以使用[头下标:尾下标]截取相应的字符串。截取字符串的语法格式如下:

变量[头下标:尾下标]

或

变量[头下标:尾下标:步长]

[头下标:尾下标] 获取的子字符串包含头下标的字符,但不包含尾下标的字符。例如:

```
>>> str = 'Python'
>>> print (str)              #输出字符串
Python
>>> print (str[0:-1])        #输出第一个到倒数第二个所有字符
Pytho
>>> print (str[2:5])         #输出从第 3 个开始到第 5 个字符
tho
>>> print (str[2:])          #输出从第 3 个开始其后所有字符
thon
```

3.4.3　列表

列表是 Python 中使用较频繁的数据类型,是 Python 中的内置有序序列。列表可以实现大多数集合类的数据结构,如图 3-15 所示。

List = ['Python', 'Java', 'R']

列表元素位于中括号中[…]　　　列表元素使用逗号分隔

图 3-15　列表样例

　　列表支持字符、数字、字符串,甚至还可以包含列表(嵌套)。列表的所有元素放在一对中括号"[]"中,并使用逗号分隔。列表中值的切割也可以使用变量 [头下标:尾下标],从左到右索引默认从 0 开始,从右到左索引默认从 −1 开始,下标可以为空(表示取到头或尾),如图 3-16 所示。

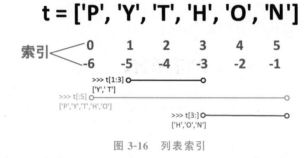

图 3-16　列表索引

　　列表可以进行赋值、删除、添加等修改性操作。当列表元素增加或删除时,列表对象自动扩展或释放内存,保证元素之间没有缝隙。列表可以包含不同类型的元素,但是通常所有的元素具有相同的类型。例如:

```
>>> t = [1,2,3,4]
>>> t[1] = 4
>>> t
1,4,3,4
>>> del t[0]
>>> t
4,3,4
>>> t[:1] = []
>>> t
3,4
```

3.4.4　元组

　　Python 的元组与列表类似,但是元组不能二次赋值,相当于只读列表,因此元组常常又被称为"不可变列表"。元组使用小括号()表示,如图 3-17 所示。

　　元组创建很简单,只需在括号中添加元素,并使用逗号隔开。例如:

```
>>> tup1 = ('physics', 'chemistry', 1997, 2000)
>>> tup2 = (1, 2, 3, 4, 5 )
```

Tuple = ('Python', 'Java', 'R')

元组元素位于小括号中（...）　　　元组元素使用逗号分隔

图 3-17　元组样例

以下操作对于元组是无效的，因为元组中的元素值不允许修改，而列表允许更新。

```
tuple = ('hello', 1 , 2, 'python')
list = ['hello', 1 , 2, 'python']
tuple[2] = 3                    ♯元组中是非法操作
list[2] = 3                     ♯列表中是合法操作
```

但用户可以对元组进行连接。例如：

```
>>> tup1 = (12, 34)
>>> tup2 = ('abc', 'xyz')
>>> tup3 = tup1 + tup2
>>> tup3
(12, 34, 'abc', 'xyz')
```

3.4.5　字典

程序设计中，其实很多概念是来自现实生活中的原型。Python 中的字典就如现实世界中的字典一样，使用"名称：内容"进行数据的构建，在 Python 中分别对应"键（key）：值（value）"，习惯称之为键值对，如图 3-18 所示。

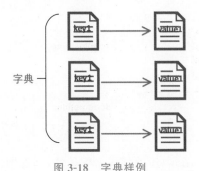

图 3-18　字典样例

列表是有序的对象集合，字典是无序的对象集合。两者之间的区别在于：字典中的元素是通过键来存取的，而不是通过偏移存取。字典是一种映射类型，是一个无序的键值对"键（key）：值（value）"的集合，每个键值对之间用逗号"，"分隔，整个字典包括在大括号"{}"中。字典的格式如下：

```
d = {key1 : value1, key2 : value2 }
```

键（key）一般是唯一的，如果重复，则最后一个键值对会替换前面的，值不需要唯一。

例如：

```
>>> dict = {'a': 1, 'b': 2, 'b': '3'}
>>> dict['b']
'3'
>>> dict
{'a': 1, 'b': '3'}
```

3.5　Python 编程

3.5.1　控制流

控制流元素非常重要，可以在程序中包含有意义的业务逻辑。很多商务处理和分析依赖于业务逻辑，如"如果客户的花费超过一个具体值，就……"或"如果销售额属于 A 类，则编码为 X；如果销售额属于 B 类，则编码为 Y；否则编码为 Z"，这些逻辑语句在代码中就可以用控制流元素表示。Python 提供了若干种控制流元素，包括 if-elif-else 语句、for 循环、while 循环和 break 与 continue 语句。

1. if 条件控制

条件控制就是对 if-else 的使用。正如它们的名字所示，if-else 语句提供的逻辑为"如果这样，那么就……，否则……"。else 代码块（code block）并不是必需的，但可以使代码更加清楚。if-else 语句的基本结构如图 3-19 所示。

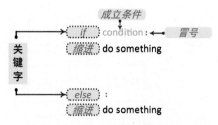

图 3-19　if-else 语句的基本结构

if-else 语句中，条件（condition）指的是成立的条件，即返回值为 true 的布尔表达式。

一般情况下，设计程序时需要考虑逻辑的完备性，并对用户可能会产生困扰的情况进行预防性设计，这时就会形成多条件判断。多条件判断同样很简单，只需在 if 和 else 之间增加 elif 即可，用法和 if 一致。多条件判断是依次进行的，首先判断条件是否成立，如果成立就运行内部代码，如果不成立就顺次判断下面的条件是否成立，如果不成立则运行 else 对应的语句。if-else 多条件判断的基本结构如图 3-20 所示。

【例 2-1】　已知某课程的百分制分数 mark，将其转换为五级制（优、良、中、及格、不及格）的评定等级 grade，评定条件如图 3-21 所示。

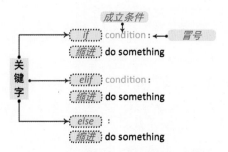

图 3-20　if-else 多条件判断的基本结构

$$
成绩等级 = \begin{cases} 优 & mark \geqslant 90 \\ 良 & 90 > mark \geqslant 80 \\ 中 & 80 > mark \geqslant 70 \\ 及格 & 70 > mark \geqslant 60 \\ 不及格 & mark < 60 \end{cases}
$$

图 3-21　分数五级制

根据评定条件，其可以通过如下多条件控制流实现。

```
>>> mark = int(input("请输入分数:"))
>>> if (mark >= 90):
        grade = "优"
    elif (mark >= 80):
        grade = "良"
    elif (mark >= 70):
        grade = "中"
    elif (mark >= 60):
        grade = "及格"
    else:
        grade = "不及格"
>>> print(grade)
```

在上面的代码中可以清晰地看到代码块。代码块的产生是由于缩进，即具有相同缩进量的代码实际上是在共同完成相同层面的事情。另外，if…elif…elif…序列用于替代其他语言中的 switch 或 case 语句。

2. for 循环

可迭代对象（Iterables）一次可以返回一个元素，因此可以适用于循环。Python 包括如下几种常用的可迭代对象：列表、元组、字典或字符串。Python 3 中的内置对象 range 可以产生指定范围的数字序列，格式如下：

```
range(start, stop[, step])
```

range 返回的数字序列从 start 开始，到 stop 结束（不包含 stop）。range 可以指定可选的步长 step。例如：

```
>>> for i in range(1,11):
>>> print(i, end = ' ')          #输出:1 2 3 4 5 6 7 8 9 10
>>> for i in range(1,11,3):
>>>      print(i, end = ' ')      #输出:1 4 7 10
```

for 语句可以遍历可迭代对象集合中的元素,如遍历列表、元组或字符串等包含的元素。也可以使用 range()函数与 len()函数一起作用于列表,生成一个索引序列,用在 for 循环中。for 语句的基本结构如图 3-22 所示。

图 3-22　for 语句的基本结构

【例 2-2】 利用 for 循环求 1~100 中所有奇数的和以及所有偶数的和。

```
1  >>> sum_odd = 0; sum_even = 0
2  >>> for i in range(1,101):
           if i % 2 != 0:
               sum_odd = sum_odd + i
           else:
               sum_even = sum_even + i
3  >>> print("1 - 100 之间奇数的和是:", sum_odd)
#输出:1 - 100 之间奇数的和是:2500
4  >>> print("1 - 100 之间偶数的和是:", sum_even)
#输出:1 - 100 之间偶数的和是:2550
```

在编程中还有一种常见的循环,即嵌套循环或称为多重循环。嵌套循环是指一个循环体内又包含另一个完整的循环结构。在嵌套循环中,两种循环语句(for 循环和 while 循环)可以相互嵌套。

3. while 循环

Python 编程中,while 语句也可以用于循环执行程序,即在某条件下循环执行某段程序,以处理需要重复处理的相同任务。但是,for 循环用于集合中每个元素的一个代码块,集合中元素被穷尽遍历时停止;而 while 循环可以不断进行,直到不满足指定条件为止。因此,while 的作用概述成一句话就是"只要…条件成立,就一直做…"。while 循环的基本结构如图 3-23 所示。

图 3-23　while 循环的基本结构

【例 2-3】 while 循环示例:给定指定包含整数集合的列表,分别产生奇数列表和偶数列表。

```
1  >>> numbers = [12, 17, 3, 20, 8, 7]
2  >>> even = []
3  >>> odd = []
4  >>> while len(numbers)> 0:
          number = numbers.pop()
          if(number % 2 == 0):
              even.append(number)
          else:
              odd.append(number)
```

4. break 与 continue 语句

break 语句用于提前终止 for 或 while 循环语句，即循环条件没有 false 条件或者序列没有被完全递归完也会停止执行循环语句，接着执行循环语句的后继语句。continue 语句类似于 break 语句，也必须在 for 或 while 循环中使用，但是 continue 语句仅用于跳出本次循环。continue 语句用来告诉 Python 跳过当前循环的剩余语句，然后继续进行下一轮循环。break 与 continue 语句如图 3-24 所示。

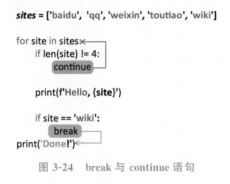

图 3-24　break 与 continue 语句

continue 语句与 break 语句的区别：continue 语句仅结束本次循环，并返回循环的起始处，如果循环条件满足，就开始执行下一次循环；而 break 语句则是结束循环，跳转到循环的后继语句执行。

3.5.2　函数

前面已经介绍了部分函数，其中 print()函数和 input 函数两个基本函数如图 3-25 所示。

函数是组织好的、可重复使用的、用来实现单一或相关联功能的代码段。函数能提高应用的模块性和代码的重复利用率。Python 中函数的应用非常广泛，前面我们已经接触过多个函数，如 input()、print()、range()函数等，这些都是 Python 的内置函数，可以直接使用。

Python 自带的函数数量是有限的，除了可以直接使用的内置函数外，Python 还支持自

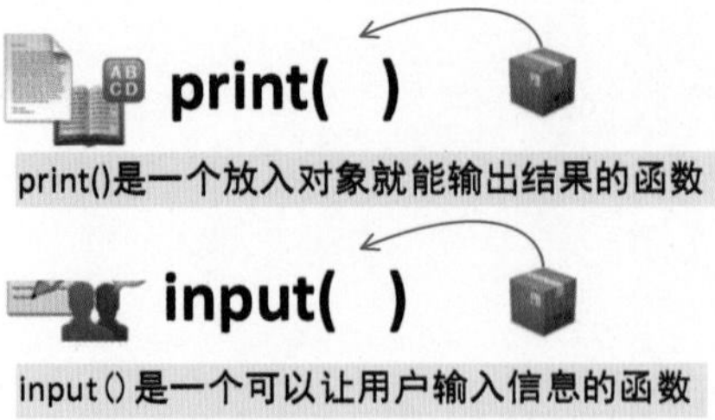

print( )

print()是一个放入对象就能输出结果的函数

input( )

input()是一个可以让用户输入信息的函数

图 3-25 基本函数

定义函数,帮助我们做更多的事情。设计符合使用需求的函数,即将一段有规律的、可重复使用的代码定义成函数,从而达到一次编写、多次调用的目的,以下是简单的规则:

(1) 函数代码块以 def 关键词开头,后接函数标识符名称和圆括号()。

(2) 任何传入参数和自变量必须放在圆括号中。圆括号之间可以用于定义参数。

(3) 函数的第一行语句可以选择性地使用文档字符串(用于存放函数说明)。

(4) 函数内容以冒号起始,并且缩进。

(5) return [表达式]结束函数,选择性地返回一个值给调用方;不带表达式的 return 相当于返回 None。

我们读一遍:Define a function named 'function' which has two agruments:arg1 and arg2,returns the result 'Something',是不是很易读很顺畅?代码的表达比英文句子更简洁,具体的语法格式如图 3-26 所示。

图 3-26 函数定义

调用函数的方法就是直接写出自定义的函数名,如果有参数,还需要指定实际传入的参数值。函数调用的语法格式如下:

函数名([实参列表])

【例 2-4】 定义计算并返回第 n 阶调和数(1+2+3+…+n)的函数,从命令(input)获取所需输出的调和数个数 n,输出前 n 个调和数。

```
>>> def harmonic(n):                           #计算 n 阶调和数(1 + 2 + 3 + … + n)
        total = 0.0
        for i in range(n):
            total += i
        return total
>>> n = int(input("输出的调和数个数 n:"))        #三角形行数
```

```
>>> for i in range(1, n + 1):
        print(harmonic(i))
```

本章小结
——

　　Python 是一种面向对象的编译型、解释型的计算机程序设计高级语言，提供高效的高级数据结构，成为多数平台上写脚本和快速开发应用的编程语言。本章作为 Python 的基础知识部分，首先对编程环境的配置进行了介绍，学习了 Python 及其发行版 Anaconda 的安装方法；其次，介绍了 Python 语言的输入输出、变量以及 5 种标准的数据类型，包括数值类型、字符串、列表、元组、字典；在流程控制语句方面，介绍了条件语句、循环语句；在 Python 函数方面，介绍了自定义函数的创建。

习题
——

　　1. Python 包括哪些不可变序列数据类型？哪些可变序列数据类型？

　　2. 输入三角形的 3 条边 a、b、c，判断此 3 边是否可以构成三角形。若能，则进一步判断三角形的性质，即为等边、等腰、直角或其他三角形。

　　3. 随便给定一个在一定范围内的数字，让用户猜该数字是多少，并输入自己猜测的数字，系统判断是否为给定数字。如果猜测数字大于给定值，则提示"输入值过大"；否则，提示"输入值过小"；如果等于给定数字，就提示"猜对了"，并展示猜了多少次才猜中。

第 4 章

机器学习：分门别类

本章导读

　　机器学习是一门多领域交叉学科，涉及概率论、统计学、逼近论、凸分析、算法复杂度理论等多门学科。机器学习专门研究计算机怎样模拟或实现人类的学习行为，以获取新的知识或技能，重新组织已有的知识结构，使之不断改善自身的性能。机器学习是人工智能的核心，是使计算机具有智能的根本途径。

　　本章介绍机器学习的基础知识，讨论一些经典且常用的机器学习方法（线性回归、逻辑回归、朴素贝叶斯分类、支持向量机、K 近邻、决策树、随机森林等）。

本章要点

- 机器学习的基本概念
- 机器学习的常见算法及其分类
- 机器学习的基本原理
- 传统机器学习
- 深度学习

4.1 概述

4.1.1 机器学习的基本概念

　　机器学习是人工智能的一个分支，也是实现人工智能的核心技术。机器学习是研究怎样使用计算机模拟或实现人类学习活动的科学，是人工智能中极具智能特征且前沿的研究领域之一。自 20 世纪 80 年代以来，机器学习作为实现人工智能的途径，在人工智能界引起了人们广泛的兴趣，特别是近十几年来，机器学习领域的研究工作发展很快，其已成为人工智能的重要课题之一。机器学习不仅在基于知识推断的专家系统中得到应用，而且在自然语言理解、机器视觉、模式识别等领域也得到了广泛应用。

　　从技术层面来看，可以将机器学习定义为计算机对一部分数据进行学习，并对另外一些数据进行预测与判断。其核心是"使用算法解析数据，从中学习，并对新数据做出决定或预测"。也就是说，计算机对已获取的数据进行分析，获取某些特征，并利用这些特征得出学习模型(Model)，然后利用此模型对其他数据进行预测。该过程与人的学习过程类似，人从已发生的事件中获得规律和经验，当出现新的事物和已发生的事物类似时，就可以利用已知规律和经验进行判断和预测。机器学习研究的主要内容是关于计算机从数据中产生模型的算法，即"学习算法"。有了学习算法，就可以把数据提供给算法，算法基于数据产生模型，模型即可对新数据进行预测。

　　以上定义中，需要理解机器学习中的几个关键词，包括数据、特征、标签、模型和预测。数据是事件记录的一种方式，多条数据就构成数据集。例如，"根据房子的面积、地段情况、居室个数等基本能确定房子单价"，在该描述中，可以抽象出数据为(面积，地段情况，居室个数，房子单价)，多条这样的数据就构成了一个关于房价的数据集。在该数据集里，房子面积、地段情况和居室个数可以认为是数据的特征，这些是显性特征，还有一些隐性特征需要人为地从数据中挖掘出来；房子单价则是数据标签，即最终需要预测的结果。在机器学习中，通常把数据集分成两部分，即训练集和测试集。训练集中的所有数据都是有标签的，而测试集中的数据是没有标签的。机器学习就是根据训练集中的数据和标签，利用学习算法得到模型，然后根据模型和测试集中的数据对测试集中的数据标签进行预测。对房价数据集来说，可以从一些已知区域的房价数据集中利用机器学习的方法寻找规律，从而对其他一些区域的房价进行预测和估计。

4.1.2　机器学习的常见算法及其分类

　　经过多年的发展，机器学习已经出现了很多经典的算法，常见的机器学习算法有逻辑回归(Logic Regression)、线性回归(Linear Regression)、朴素贝叶斯分类、支持向量机(Support Vector Machine，SVM)、K 近邻(K Nearest Neighbors，KNN)、决策树、随机森林(Random Forest)、Adaboost 和 K-means 等。这些机器学习方法曾经风靡全球，解决了人工智能领域很多经典问题。近年来，深度学习(Deep Learning)作为机器学习中一种新的技术开始蓬勃发展，并且在计算机视觉、自然语言处理等领域初露头角，甚至其预测性能超过了以上传统机器学习算法。为了更好地理解机器学习算法，在此从技术层面对已经出现的机器学习算法进行了简单的分类，如图 4-1 所示。

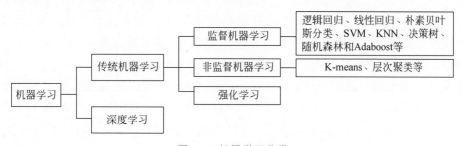

图 4-1　机器学习分类

　　在监督机器学习中，训练集中所有的数据都被标识，即每一组数据都有一个对应的标签。在建立预测模型时,有监督机器学习建立一个学习过程,将预测结果与"训练数据"的标签进行比较,不断地调整预测模型,直到模型的预测结果与数据对应的标签基本一致。监督机器学习的常见应用场景有分类问题和回归问题,分类问题输出的是物体所属的类别,回归问题输出的是物体某些属性对应的值。例如,对于一个图像数据集而言,如果要判断图像中的对象是什么(飞机、轮船、汽车等),其就为一个典型的分类问题;如果要判断图像中对象所在的具体位置(4个顶点的坐标),则其为一个典型的回归问题。

在非监督机器学习中,数据并不被特别标识,学习模型是为了推断数据的一些内在结构。非监督机器学习最典型的应用就是聚类,其目的是将相似的东西聚集在一起,常见的聚类算法有 K-means、层次聚类等。如图 4-2 所示,图(a)中的数据为原始数据,这些数据经过无监督机器学习后,得到的聚类模型将这些原始数据分成了两类,如图(b)所示。其中,属于同类的数据在位置上比较靠近,而不同类的数据在位置上相隔较远。

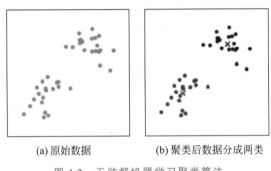

(a) 原始数据　　　　(b) 聚类后数据分成两类

图 4-2　无监督机器学习聚类算法

有些资料中还会提到半监督机器学习,半监督机器学习是监督机器学习与无监督机器学习相结合的一种学习方法。在半监督机器学习中,输入数据部分被标识,部分没有被标识,即在数据集中只有一部分数据有对应的标签。半监督机器学习的基本思想是利用已标识数据分布上的模型假设建立学习器对未标签样例进行标签。由于半监督机器学习的基础是有监督机器学习和无监督机器学习,因此此处不单独分类。

强化学习是一种更加智能的学习方式,学习主体以"试错"方式进行学习,即学习主体在学习过程中不断尝试,并且通过与环境的交互获得奖励来指导后续的行为,学习的目标则是使获得的奖励最大化。在强化学习中,算法主要实现将外界环境转化成奖励的方式,并没有告诉学习主体要做什么或者采取哪个具体的动作,学习主体通过总结发现在各种条件下哪个动作得到的奖励最多。强化学习过程类似于人类根据已发生的实践进行学习的过程,属于相对高级的人工智能技术,此书只解释概念,对其技术细节不做讲解。

4.1.3　机器学习的基本原理

机器学习的常见思路是首先挖掘数据中的特征,然后利用特征进行学习。例如,针对计算机图像，用于目标识别（如人脸识别）的特征通常包括颜色特征（R、G、B 通道值）、纹理特征、形状特征［SIFT（Scale-Invariant Feature Transform，尺度不变特征变换）、HOG（Histogram of Oriented Gradient，有向梯度直方图）特征等］。这些特征和标签构成数据集，机器学习算法正是基于数据集来进行学习的。

　　机器学习中一个最重要的问题就是如何通过训练集中的数据得到学习模型，即机器学习的基本原理是什么。本小节对有监督机器学习中最基本的原理进行简单介绍，后续在介绍具体学习方法时再在此基础上进行扩展。

　　在有监督机器学习中，训练集中的一组数据可以表示为 $[(x_1,x_2,\cdots,x_n),y]$，其中 $(x_1,x_2,\cdots,x_n)$ 为一组数据，y 为该组数据对应的标签。例如，对于前面说到的房价估计问题，$(x_1,x_2,\cdots,x_n)$ 可以为（面积，地段情况，居室个数），y 即为房子的单价。机器学习算法首先会构造一个函数，在此假设构造一个多项式函数（模型），如式（4-1）所示。在该函数中，$(w_0,w_1,\cdots,w_n)$ 即为机器学习算法需要学习的参数。机器学习训练的过程即确定这些参数值的过程，一旦这些参数确定，那么模型就可以确定。

$$f(x) = w_0 + w_1 x_1 + w_2 x_2 + \cdots + w_n x_n \tag{4-1}$$

　　接下来的问题就是这些参数是怎么通过训练过程确定下来的。其中，最常见的确定过程可以分为以下几步。

　　（1）初始化参数，如可以对 $(w_0,w_1,\cdots,w_n)$ 随机初始化。

　　（2）从训练集中获取一组数据，在这些数据中有确定的 x 值，利用这些 x 值和初始化后的 w 值可以计算 $f(x)$ 的值。

　　（3）将计算得到的 $f(x)$ 与该组数据中的标签值，即 y 值进行比较，并计算 $f(x)$ 和 y 的差值。在此，$f(x)$ 可以认为是利用此时的中间模型得到的预测值，而 y 值是真实值。计算预测值和真实值之间的差异，可以知道此时的模型是否准确。

　　（4）判断第（3）步计算的 $f(x)$ 和真实值 y 之间的差异，如果该差异很大，则根据差异值重新调整参数 $(w_0,w_1,\cdots,w_n)$ 的值，即重新开始执行（1）。如果差异很小，甚至无限接近于零，则需要判断其他数据预测的值与真实值的差异是否很小，如果很小，则可以认为此时的模型比较准确，训练过程结束；否则，重新返回（1），利用其他数据继续训练。

　　从以上步骤中可知，机器学习算法利用数据集中的数据和标签训练的目的就是找出一个准确的模型，使利用该模型预测的值与标签值基本一致。以上过程只对机器学习算法学习的基本原理进行了简单介绍，事实上还有很多问题需要考虑，如参数的初始化策略、构造函数的具体形式、预测值和真实值差异的计算方法（损失函数的设计）、如何根据损失值调整参数的值等，这些在不同的机器学习算法中都会有差异，后续小节将会针对每一种机器学习算法再做详细介绍。另外，鉴于本书读者并不具备掌握机器学习所需的所有知识，因此本书重点讲解不同机器学习方法的构造函数和损失函数，以方便读者理解不同机器学习的本质。

4.2　传统机器学习

机器学习是一门多领域交叉学科,涉及概率论、统计学、逼近论、凸分析、算法复杂度理论等多门学科。机器学习从技术层面可以分为传统机器学习和深度学习,传统机器学习算法主要包括线性回归、逻辑回归、朴素贝叶斯分类、支持向量机、KNN、决策树、随机森林、Adaboost 和 K-means 等。

4.2.1　线性回归

线性回归是有监督机器学习中一种比较简单易懂的算法。线性回归采用一种最简单的线性模型对数据标签进行预测,即被预测值与已知数据之间是线性关系。例如,可以采用常见的直线模型 $y=kx+b$ 描述特征 x 和预测值 y 之间的关系,k 和 b 即为机器学习训练后确定的参数值。在复杂的线性回归算法中,还可以对以上直线模型进行扩展,如使用多个特征或将 x 扩展到 x_n 等。

图 4-3 是线性回归的简单示意图。图 4-3 中,横坐标是特征值,纵坐标是目标预测值,两者符合线性关系,因此可以用一条直线预测两者之间的关系。如果有新的特征值,那么可以直接将该特征值作为横坐标,然后根据已知的直线预测出目标值(纵坐标的值),从而完成线性回归的预测。

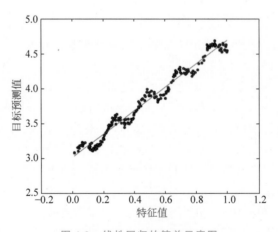

图 4-3　线性回归的简单示意图

在线性回归中,损失函数的设计非常重要。损失函数用来计算根据某个时刻的模型得到的预测值和真实值之间的差异(预测的损失值),机器学习算法要根据该损失值不断地在训练过程中调整参数值,最终得到准确的预测模型。线性回归通常采用 L1 范数或者 L2 范数函数作为损失函数来计算真实值和预测值之间的差异。L1 范数用来计算预测值和真实值差值的绝对值,L2 范数用来计算预测值和真实值差值的平方。从数学表示来看,L1 和

L2 作为损失函数是有一定区别的,如表 4-1 所示。在具体应用中,可根据数据代表的实际意义选择不同的损失函数,以使训练的模型效果最好。

表 4-1　L1 范数和 L2 范数作为损失函数的主要区别

名　　称	L1 范数	L2 范数
主要转置区别	鲁棒	不是非常的鲁棒
	不稳定解	稳定解

　　为了更好地理解线性回归模型,现举例进行说明。已知牧羊犬的身高,可以利用线性回归预测牧羊犬的体重。在训练集中,已知牧羊犬的身高和体重数据使用 train_x 和 train_y 表示,train_x 表示训练集中牧羊犬的身高(cm),tran_y 表示牧羊犬对应身高的体重(kg)。设定线性回归对训练集中的数据进行训练,得到的线性回归模型如图 4-4 所示,其中横坐标为身高,纵坐标为体重,直线为学习的线性模型。

```
train_x = [27, 29, 34, 40, 42, 47, 48, 49, 50, 52, 52, 52, 54]
train_y = [6, 7.5, 9, 10.7, 12.8, 15.1, 16, 18.5, 19.4, 18.4, 19.7, 21.8, 21.7]
```

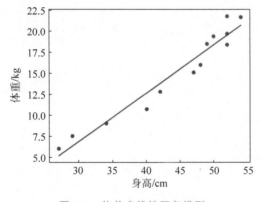

图 4-4　牧羊犬线性回归模型

4.2.2　逻辑回归

　　逻辑回归虽然称为回归,但其实际上是分类模型,通常用于二分类(分类种类为两种)。在逻辑回归中,构造函数形式以 sigmoid 函数为基础。图 4-5 给出了该函数对应的曲线,从图中可以看出该函数的最终取值介于[0,1]。一般来说,在应用逻辑回归进行分类时,在预测阶段输入特性值后,根据回归模型计算出来的值如果处于[0,0.5],则认为是一种类型;如果根据模型计算出来的值处于(0.5,1],则认为是另一种类型。

　　逻辑回归通常采用交叉熵(Cross Entropy)作为损失函数,用来衡量属于不同种类的两个概率之间的差异。交叉熵越大,两个分部之间的差异越大,说明预测值和真实值有差异,模型还需要继续训练;反之,如果差异很小,则说明模型有一定的准确性,可以根据实际情

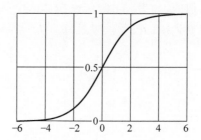

图 4-5　sigmoid 函数对应的曲线

况确定是否需要继续训练。

　　现给定训练集中的数据 train_x 和 train_y,其中 train_x＝[60,56,60,55,60,57,65, 60,62,59,43,52,41,45,43,50,46,52,56,56],train_y＝[1,1,1,1,1,1,1,1,1,1,1,−1,−1, −1,−1,−1,−1,−1,−1,−1,−1]。在 train_x 中,不小于 55 的数据其对应的分类为 1 (对应的 train_y 的值为 1),小于 55 的数据对应的分类为−1。该样例可以使用逻辑回归进行二分类,对测试集中的数据进行逻辑回归训练后得到的模型如图 4-6 所示。

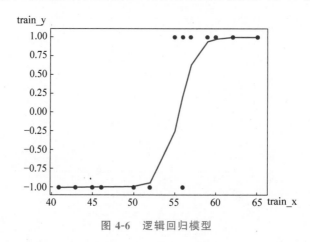

图 4-6　逻辑回归模型

4.2.3　朴素贝叶斯分类

　　朴素贝叶斯分类是一类算法的总称,该类算法均以贝叶斯定理为基础。贝叶斯定理在现实生活中非常有用,其解决的是条件概率翻转问题。举例来说,$P(A/B)$ 表示在 B 出现的情况下 A 出现的概率,如何得出 $P(B/A)$ 呢? 也就是说,在 A 出现的情况下 B 出现的概率怎么计算呢? 贝叶斯定理则可以解决如何利用 $P(A/B)$、$P(A)$ 和 $P(B)$ 得到 $P(B/A)$。由于很多实际问题中 $P(A)$ 和 $P(B)$ 的值是固定的或者比较好计算,因此往往可以根据 $P(A/B)$ 的值推断 $P(B/A)$ 的值。

　　朴素贝叶斯分类的基本思想如下: 对于给定的待分类项,计算此项出现的条件下各个类别出现的概率,其中概率值最大的类别即为此项目的分类值。

　　朴素贝叶斯分类算法中最重要的是如何计算分类项在各个条件下的条件概率,按照贝叶斯定理,即如何计算在各个条件下分类项存在的概率。对应以上预测黑人来自哪个洲的分类问题,计算某黑人来自各个州的条件概率可以利用贝叶斯定理转化成计算各个州人是黑人的概率。显然,计算各个州人是黑人的概率比计算某黑人来自哪个州的概率要更加简单。

　　朴素贝叶斯分类算法的流程如图 4-7 所示,在准备工作阶段主要确定特征属性和训练样本对应的标签,在训练阶段则是根据朴素贝叶斯原理得到分类模型,在应用阶段根据测试样本的属性和分类模型得到分类值。

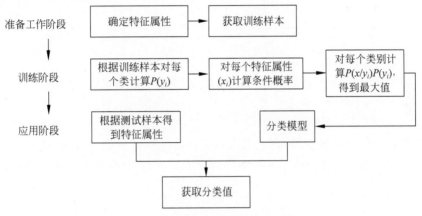

图 4-7　朴素贝叶斯分类算法的流程

4.2.4　SVM

　　SVM 是一种快速可靠的线性分类器,其最终目的是找到一个最优超平面对训练数据进行分类。关于 SVM 算法,可以借助图 4-8 进行理解。假设二维平面上有一些方框和圆圈,需要找出一条最佳直线将这两类数据分开。显然,这样的直线可以找出很多条,但是最佳直线怎么寻找呢? SVM 所做的就是找到一条直线(或超平面),其与训练样本的最小距离最大,如图 4-8 中穿过中心的直线。要找到这个决策边界,SVM 不需要所有的训练样本,只需要考虑两个类别中离决策边界最近的点即可。

　　图 4-8 中,离决策边界最近的点就是一个实心圆和两个实心正方形,这些点也被称为支持向量(Support Vectors)。SVM 的学习目标就是使得图 4-8 所示间隔在保证分类正确的情况下最大化,也就是要最大化间隔且需增加一个约束条件,即让所有的样本点都不能位于两个支持平面之间。

　　需要说明的是,在 SVM 算法中,对于线性可分数据,如果是二维数据,决策边界就是一条直线;如果是三维数据,决策边界就是一个平面。所以,如果是 n 维数据,那么决策边界就是($n-1$)维平面,可以统称其为超平面(Hyperplane)。对于多维数据,每个数据样本其实就是一个多维向量。SVM 是为了找到与训练样本的最小距离最大的一个超平面,其中

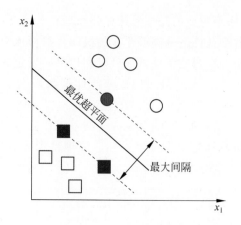

图 4-8　SVM 超平面

"最小距离"是指超平面和离其最近的点的距离,而"最大"是指使超平面和离其最近的点的距离尽可能大。

　　图 4-9 是利用 SVM 对鸢尾花中的山鸢尾和变色鸢尾进行分类得到的分类模型。图 4-9 中,蓝色点表示山鸢尾样本数据,黄色点表示变色鸢尾样本数据,绿色分类器是利用 SVM 模型训练后得到的分隔线。从图 4-9 中可以看出,SVM 将两类不同的花种完美地进行分割。

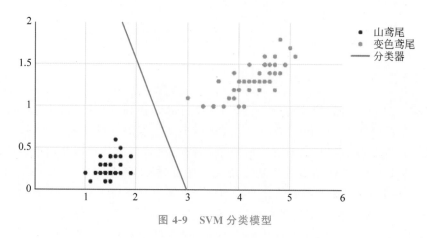

图 4-9　SVM 分类模型

4.2.5　KNN

　　KNN 算法的工作原理可以理解为给定一个训练数据集,对新的输入实例,在训练数据集中找到与该实例最邻近的 K 个实例,这 K 个实例的多数属于某个类,就把该输入实例分类到该类中(类似于现实生活中少数服从多数的思想)。

　　图 4-10 为维基百科上中的一幅图,从该图中可以看出,样本实例总共被分成了两类:三角形代表的类别和正方形代表的类别。对于新的样例圆圈,如何使用 KNN 算法进行分

类呢？先假设一个 K 值，如果 $K=3$，则选择最邻近的两个三角形和一个正方形，显然此时圆圈应该和两个三角形分为一类；如果 $K=5$，则选择最邻近的三个正方形和两个三角形，则圆圈表示的样例应该和正方形分为一类。

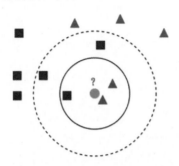

图 4-10　理解 KNN 算法示意图

KNN 算法原理比较简单，但其有两个难点问题：其一是如果确定 K 值的大小，其二是怎么寻找与待预测样例距离最近的样例。对于第一个问题，如果 K 值太小，会使预测值不够准确；如果 K 值太大，又会使预测过程太过复杂。因此，常规的选择 K 值的方法是交叉验证，即将训练集中的一部分数据用作训练集，另一部分用作验证集，利用验证集中的样本不断调整 K 的取值来寻找最佳取值。

对于第二个问题，解决的关键是如何计算两个样本之间的距离。目前计算距离的方法主要有欧式距离（Euclidean Distance）、曼哈顿距离（Manhattan Distance）等，也可以根据实际情况自行设计距离计算方法。以二维数据为例，欧式距离先计算两个变量差异的平方和，再进行开平方运算；而曼哈顿距离则用来计算两个变量差值的绝对值之和。

需要说明的是，KNN 算法既可以用作分类算法，也可以用作回归算法。以上给出的例子是分类算法，如果用作回归算法，对于待预测节点而言，则可以使用 K 个相邻的样本对应标签值的平均值作为待预测样本的预测值。

4.2.6　决策树

决策树是一种基于多节点决策的分类和回归算法，其工作原理如下。一棵决策树包括一个根节点、若干个枝干节点和若干个叶子节点，所有叶子节点都对应决策结果，其他节点对应需要决策的属性。每个节点包含的样本集合根据属性决策的结果被划分到子节点中进行进一步决策。根节点包含样本全集，从根节点到每个叶子节点的路径对应了一个决策序列。

为了更好地理解决策树算法，图 4-11 给出了一棵决策树，根据该决策树，可以通过动物的体温和是否胎生来判断该动物是否是哺乳动物。例如，可以很容易得到一个恒温且是胎生的小猫咪是哺乳动物的结论。

4.2.7　随机森林

随机森林是一种集成学习算法，既可以用作分类算法，也可用作回归算法。在随机森

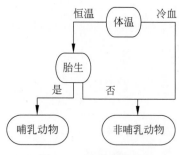

图 4-11　决策树算法

林的内部有多棵决策树,针对某个输入每棵决策树都有自己的预测结果,随机森林统计每棵决策树的结果后,选择投票数最多的预测结果作为其最终预测结果。随机森林算法极为稳定,其秉承集成的概念,由多个决策树的结果确定最终结果,表现往往要优于单一的决策树,这也是随机森林算法在机器学习领域应用非常广泛的最主要原因。

随机森林的工作过程可以简单地概括成如下几个步骤。

(1) 从数据集中随机选择 k 个特征,共 m 个特征(其中 $k \leqslant m$),根据这 k 个特征建立决策树。可以使用以上介绍的任一种机器学习算法建立决策树。

(2) 重复 n 次,这 k 个特性经过不同随机组合建立起来 n 棵决策树(或者是数据的不同随机样本,称为自助法样本)。

(3) 对每个决策树都传递带预测数据特征来预测结果。存储所有预测结果(目标),就可以从 n 棵决策树中得到 n 种结果。

(4) 计算每个预测目标的票数,将得到高票数的预测目标作为随机森林算法的最终预测结果。

随机森林算法中的难点问题是 k 值如何确定。在实际应用中,针对不同的问题,通常对 k 取不同的值进行实验,根据实验结果确定最合适的值。

4.2.8　Adaboost

Adaboost 也是一种集成学习算法,该算法的基本思路是针对同一个训练集中的数据训练不同的分类器(弱分类器),并把这些弱分类器集成起来构成一个更强的最终分类器(强分类器)。在基本的 Adaboost 算法中,每个弱分类器都有权重,弱分类器预测结果的加权和形成了最终的预测结果。

Adaboost 算法在训练时,训练样本也有权重,在训练过程中动态调整,被前面的弱分类器错分的样本会加大权重,因此算法会关注难分的样本。Adaboost 算法在学习过程中需要重点关注和理解两个权重(样本的权重和弱分类器的权重)的含义和学习过程。在此先假设训练集中总共有 m 个样本,以下简单介绍 Adaboost 算法的学习过程。

(1) 设置训练集中每个样本的权重为 $1/m$,利用前面介绍的机器学习算法(任意算法均可)进行训练,得到第一个弱分类器 $F_1(x)$。

（2）计算以上步骤训练后得到弱分类器的训练误差 e_1，并根据该训练误差计算该弱分类器的权重 w_1，同时更新所有样本的权重。更新后样本的权重满足以下规则：用该分类器进行分类后出错的样本权重增大，而分类正确的样本权重变小。设计该规则的主要目的是，当进入第二次训练后，权重大的样本会被重点关注，从而提升其分类的准确度。

（3）进行新一轮的训练，训练完成后得到新的弱分类器、该分类器的误差和权重，同时计算样本在下一次训练的权重值。重复该过程，直到得到 T 个弱分类器。

（4）利用训练好的多个弱分类器和对应的权重进行预测。

Adaboost 算法既可以用作分类，也可以用作回归。如果 Adaboost 算法用作回归，那么每次训练后得到的是弱回归模型，最终也是采用加权方式将所有弱回归模型的结果相加后取平均值，得到最终的预测值。

Adaboost 算法如图 4-12 所示，针对同一个输入值，可以采用不同的方法预测目标值。在图 4-12 中，有 $y_1(x)$、$y_2(x)$、$\cdots$、$y_M(x)$ 共 M 种不同的预测方法，最终将这些不同方法预测的目标值按一定的权重相加，得到最终的预测值。

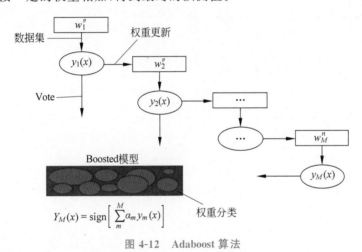

图 4-12　Adaboost 算法

4.2.9　K-means

前面所讲的都是有监督学习算法，K-means 则属于聚类算法，是典型的非监督学习算法，即在没有任何监督信号的情况下将数据分为 K 类的一种算法。聚类算法就是无监督机器学习中最常见的一种，给定一组数据，需要聚类算法去挖掘数据中的隐含属性进行分类。K-means 算法的中心思想是将相似的样本聚类到一起成为一个类别，而相似性较远的样本则被分到不同的类别中。

K-means 算法的基本方法是首先在数据集中根据一定策略选择 K 个点作为每个分类的初始中心，然后观察所有剩余的数据，将数据划分到距离这 K 个点最近的对应类中，最终将所有的数据划分成 K 个类，完成一次划分。但此时形成的类划分并不一定是最好的划分,因此在每个生成的新类中重新计算每个类的中心点,再重新进行划分,直到每次划分的结果保持不变,此时聚类基本稳定,可以结束算法的运行。

假设二维平面上有 M 个点,现在需要将这 M 个点聚类成 K 类。K-means 的工作过程可分为以下几个步骤。

(1) 从 M 个点中随机选择 K 个点作为初次分类的中心点。

(2) 对剩下的$(M-K)$个点,依次计算每个点到 K 个中心点的距离(如欧氏距离),找出最短距离并将该点分配到对应中心点的分类中,从而完成一次聚类过程。

(3) 在上一次聚类后的 K 类中重新查找每个类的中心点,再次进行聚类。此处查找类的中心点时可以使用计算该类中所有点的特征平均值的方法。

(4) 重复第(3)步,直到每个类中的成员不再发生变化或者达到最大迭代次数。

针对 K-means 算法,还有很多需要研究的地方,如 K 值的设置、初始中心点的选择、距离的计算公式以及结束算法的目标函数等,这些都需要针对具体情况具体分析。

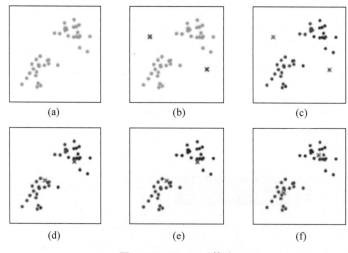

图 4-13　K-means 算法

图 4-13 给出了 K-means 算法的整个工作过程。图 4-13(a)为初始各节点的分布情况;在图(b)中,算法随机选择红色叉和蓝色叉作为中心点,计算所有节点到这两个中心点的距离,并将节点分割成红色和蓝色两类;图(c)为计算后得到的两类示意图;图(d)~(f)分别对应从前次分类后的类别中找到中心点并重复聚类的过程,直到分类不再发生变化,K-means 算法结束。

4.3　深度学习

4.2 节重点讲解了传统机器学习的典型算法,使用这些算法的前提都是要先挖掘数据的特征。例如,如果输入数据是图像,那么就需要先挖掘图像的特征(SIFT 特征或者 HOG

特征等），再和某种传统机器学习算法（SVM 等）结合进行学习。深度学习与传统机器学习最大的区别在于使用深度学习时不再需要手动挖掘数据的各种特征，而是将挖掘特征和模型学习融合在一个过程中完成。目前，深度学习最典型的代表是卷积神经网络（Convolution Neural Network，CNN），因此本节以 CNN 为例介绍深度学习技术。

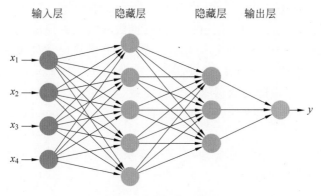

图 4-14 多层神经网络

在讲解 CNN 技术之前，需要首先理解神经网络。"神经网络"这一概念最早由生物界提出，而人工智能界的神经网络很大程度上是模拟人类的神经元。在多层神经网络中，每一层神经网络对上一层神经网络中节点的值进行加权相加，将其作为该层对应激活函数（该函数可以自己根据需要设定，通常设定成非线性函数，如 sigmoid 函数等）的输入，而激活函数的输出则作为下一层神经网络的输入，此处加权计算中每个节点的权值可以在训练中学习得到。在多层神经网络中，通常把第一层称为输入层，中间各层称为隐藏层，最后一层称为输出层。多层神经网络如图 4-14 所示，其中 (x_1, x_2, x_3, x_4) 是输入，经过多层神经网络处理后得到输出，即预测值 y。以第一个隐藏层中的第一个节点为例，该节点的输入和输出的计算方法如式（4-2）所示，其中 w_i 为输入 x_i 对应的权值，此处激活函数为 sigmoid 函数。

$$\text{input} = \sum_{i=1}^{4} w_i x_i \quad \text{output} = \text{sigmoid(input)} \tag{4-2}$$

神经网络提出后曾经在人工智能学术圈引起轰动，但很快学者们发现多层神经网络有一个致命缺陷，导致其不能推广。当神经网络的输入特性增多，层数增大时，神经网络的训练过程会变得异常艰难，对硬件的要求急剧增长。因而，在很长一段时间内，神经网络的发展停滞不前。直到 CNN 的出现，以 CNN 为代表的神经网络技术才开始重新发展，并且一跃成为人工智能领域炙手可热的技术。另外，CNN 在计算机视觉、自然语言处理领域已经取得了非常优异的成绩。

为什么图 4-14 所示的多层神经网络中，当输入和层数增多时会难以训练？而 CNN 又是如何突破此困境的呢？究其根本原因，是因为多层神经网络的全连接导致的。从图 4-14 中可以看到，某一层神经元中的每个节点和上一层神经元中的所有节点关联（全连接），导致神经元中节点数目增大时,计算量会急剧增长,而随着层数的增多,计算量更是呈指数级增长,最终导致训练异常艰难。

CNN 能解决以上问题最根本的原因,是引入了卷积(Convolution)和池化(Pooling)操作,其代替了原有的全连接操作,从而大大减少了训练时对硬件的要求,也使得该技术在人工智能领域的应用急剧增长。CNN 结构中也存在多层网络,每一层网络通过使用卷积或池化操作对上一层的输出进行处理,随后使用激活函数获得经该层处理后的特征层,此特征层随后作为下一层网络的输入,再次利用卷积或池化和激活函数处理后得到新的特征层。如此反复,经过多层网络后获得最终的预测值。在训练过程中,CNN 使用损失函数计算预测值和真实值的差异,并以此为依据不断调整参数(卷积操作中会携带参数),最终获得用于预测的 CNN 模型。目前实现 CNN 的框架有 Caffe、tensorflow、keras 等,有兴趣的读者可以进一步学习。

为了更好地理解 CNN 的工作原理,以下从卷积、池化、激活函数和 CNN 的结构几个方面对 CNN 工作原理进行讲解。

4.3.1　卷积

卷积又称褶积,是分析数学中的一种重要运算。卷积在神经网络中用于构成卷积层(Convolutional Layer),用来代替原有的全连接层(Full Connection Layer)。全连接层与卷积层操作如图 4-15 所示。

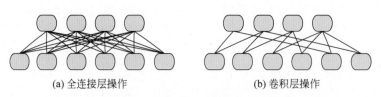

(a) 全连接层操作　　　(b) 卷积层操作

图 4-15　全连接层和卷积层操作

从图 4-15 中不难看出,使用卷积操作后,某层节点不再与上一层的所有节点相连,而是只和其中部分节点相连。卷积操作与全连接操作相比,主要有两点优势:①卷积计算时只有上一层的部分节点参与运算,减少了计算量,特别是当节点数量非常大时,此计算量的减少能大大降低训练难度;②事实证明,只与部分节点连接也可接近真实数据连接的特征,以图像识别为例,决定图像特征的往往是某个局部区域的数据,因此完全没有必要在神经网络中每次计算都与所有节点关联。

在计算机视觉领域,CNN 的卷积操作应用于图像中的计算过程如下:设计一个固定大小的矩阵过滤器,如大小为 3×3 或者 5×5,该过滤器统称为卷积核,卷积核中的参数可在训练过程中学习得到。图像中的卷积操作如图 4-16 所示,此处设定为 3×3 的卷积核,该卷积核对应的值即为权重,这些值通过 CNN 训练可以得到。

图像中的卷积操作是提取图像特征的重要手段,图 4-17 举例说明了利用不同卷积核得到的图像的不同特征。

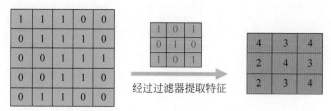

图 4-16　图像中的卷积操作

图 4-17　利用不同卷积核得到的不同的图像特征

4.3.2　池化

池化也是 CNN 中非常重要的一个操作,其目的是将特征降维,也可以说是对信息进行抽象。图像特征经过 CNN 中的池化层(Pooling Layer)处理后,图像特征变少,减少了参数个数,也更有利于 CNN 的训练,且池化操作能够忽略细节信息,从而更多地关注整体信息。

一般来说,池化分为最大池化和平均池化。在此假设池化过滤器的大小为 2×2,图 4-18 和图 4-19 分别为最大池化和平均池化,最大池化是依次从 2×2 的图像块中找出最大的值作为该区域池化的结果,而平均池化则是使用该区域 4 个值的平均值作为池化的结果。对于图像而言,通常认为如果池化选取区域均值(Mean Pooling),往往能保留整体数据的特征,较好地突出背景信息;如果选取区域最大值(Max Pooling),则能更好地保留纹理特征。

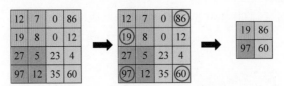

图 4-18　最大池化

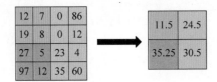

图 4-19　平均池化

4.3.3　激活函数

激活函数是 CNN 中不可缺少的,如果没有激活函数,神经网络的每层都只进行线性变换,多层输入叠加后也还是进行线性变换,而线性模型的表达能力通常不够,需要使用激活函数引入非线性因素,从而得到更加复杂的特征。在 CNN 中,经过卷积或池化处理后的特征层作为激活函数的输入,经激活函数处理后再作为下一层的输入。

目前 CNN 中常见的激活函数有 Sigmoid 函数、Tanh 函数、ReLU 函数等,这些函数都是非线性函数,有助于获取数据的特征。Sigmoid 函数前面已经讲过,有兴趣的读者可以进一步研究其他激活函数。

4.3.4　CNN 的结构

CNN 的结构设计一直是该领域最重要和最基础的研究课题,从 2012 年开始,大量的 CNN 结构被学者们提出并且在人工智能领域的图像分类、目标检测等任务中取得了超越人眼的性能。CNN 结构通常由卷积层、池化层、全连接层、激活函数、损失函数等组成。随着 CNN 的快速发展,CNN 网络设计的发展也朝着更深、更宽的方向不断更新。近年提出的有代表性的 CNN 有 LeNet、AlexNet、VGG 和 ResNet 等。

1) LeNet

LeNet 是 1998 年由 Lecun 等提出的一个用于手写数字识别的 CNN 网络结构,如图 4-20 所示。LetNet 比较简单,仅由 2 个卷积层、2 个池化层和 2 个全连接层组成。LeNet 最突出的贡献是确定了卷积神经网络的基本架构,后续绝大多数的卷积神经网络设计有卷积层、池化层和全连接层。但是,由于 LeNet 结构过于简单,且受限于当时的硬件条件,因此该网络结构并未得到推广和应用。

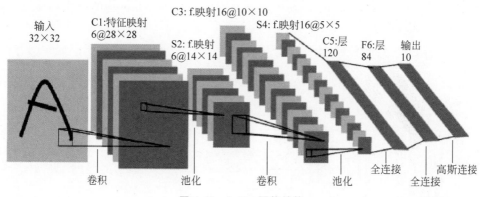

图 4-20　LeNet 网络结构

2）AlexNet

AlexNet 是 2012 年由 Alex Krizhevsky 等提出来的一个更深的卷积神经网络结构。该网络结构由 5 层卷积层和 3 层全连接层组成,学习参数有 6000 万个,其网络结构如图 4-21 所示,并且,作者还引入了一些 CNN 训练的小技巧,如数据增广、双 GPU 运行、ReLU 激活函数替换 LeNet 中的 sigmoid 函数、局部响应归一化(Local Response Normalization,LRN)层、在两个全连接层之间引入 Dropout 策略以减少过拟合等。AlexNet 在当年的 ImgNet 分类比赛中获得了冠军,准确率超过了当时的第二名接近 10%。AlexNet 的横空出世给 CNN 的应用带来了新的希望,也引发了最近几年人们对 CNN 狂热的研究。学术界通常将 2012 年定义为卷积神经网络快速发展的元年,并且 AlexNet 也因为其突出的贡献被载入深度学习的史册。

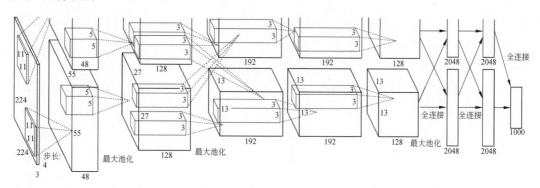

图 4-21　AlexNet 网络结构

3）VGG

VGG 是由牛津大学 Simonyan 等提出的网络结构,其中 VGG-16 实验效果最好,其结构如图 4-22 所示。VGG 可以认为是一个加强版本的 AlexNet,该网络全部由卷积层和全连接层(13 个卷积层和 3 个全连接层)组成。VGG 模型通过反复堆叠 3×3 的小卷积核和 2×2 的最大池化层,成功地构筑了 16～19 层的卷积神经网络。VGG 最大的贡献在于引入的卷积核都是 3×3 或者 1×1 的小卷积核,并且探索了卷积神经网络的深度和性能之间的关系。

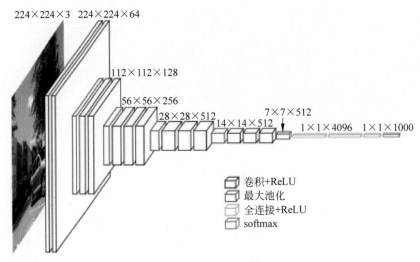

图 4-22　VGG-16 网络结构

4) ResNet

ResNet 网络由微软亚洲研究院的 He 等提出,在 CNN 结构中引入了残差学习的概念。在该网络结构中,预测结果不是单纯地根据激活函数、入参以及权重计算,如公式 $y = f(x,w)$,而是使用 $y = f(x,w) + x$ 的形式,如图 4-23 所示。作者此设计的灵感来源于 CNN 学习过程中计算值越少越好。在不同数据集中的测试结果表明,这种方法确实带来了一定效果,突破了之前 CNN 网络结构在深度上的限制,实现了 CNN 深度越深效果越好。作者提出了 4 个模型:ResNet-34、ResNet-50、ResNet-101、ResNet-152,它们的结构如图 4-24 所示,其中 ResNet-152 获得了 ILSVRC(ImageNet Large Scale Visual Recognition Challenge)2015 年的冠军。ResNet 的网络结构不仅在分类领域表现出了良好的性能,其在对象检测领域同样有着优秀的表现,已经成为近年各类 CNN 任务的主干网络。

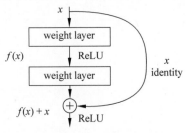

图 4-23　ResNet 残差模块

layer name	output size	18-Layer	34-Layer	50-Layer	101-Layer	152-Layer
conv1	112×112	7×7, 64, stride 2				
		3×3, Max Pool, stride 2				
conv2_x	56×56	$\begin{bmatrix} 3\times3, 64 \\ 3\times3, 64 \end{bmatrix}\times2$	$\begin{bmatrix} 3\times3, 64 \\ 3\times3, 64 \end{bmatrix}\times2$	$\begin{bmatrix} 1\times1, 64 \\ 3\times3, 64 \\ 1\times1, 256 \end{bmatrix}\times3$	$\begin{bmatrix} 1\times1, 64 \\ 3\times3, 64 \\ 1\times1, 256 \end{bmatrix}\times3$	$\begin{bmatrix} 1\times1, 64 \\ 3\times3, 64 \\ 1\times1, 256 \end{bmatrix}\times3$
conv3_x	28×28	$\begin{bmatrix} 3\times3, 128 \\ 3\times3, 128 \end{bmatrix}\times2$	$\begin{bmatrix} 3\times3, 128 \\ 3\times3, 128 \end{bmatrix}\times2$	$\begin{bmatrix} 1\times1, 128 \\ 3\times3, 128 \\ 1\times1, 512 \end{bmatrix}\times4$	$\begin{bmatrix} 1\times1, 128 \\ 3\times3, 128 \\ 1\times1, 512 \end{bmatrix}\times4$	$\begin{bmatrix} 1\times1, 128 \\ 3\times3, 128 \\ 1\times1, 512 \end{bmatrix}\times8$
conv4_x	14×14	$\begin{bmatrix} 3\times3, 256 \\ 3\times3, 256 \end{bmatrix}\times2$	$\begin{bmatrix} 3\times3, 256 \\ 3\times3, 256 \end{bmatrix}\times6$	$\begin{bmatrix} 1\times1, 256 \\ 3\times3, 256 \\ 1\times1, 1024 \end{bmatrix}\times6$	$\begin{bmatrix} 1\times1, 256 \\ 3\times3, 256 \\ 1\times1, 1024 \end{bmatrix}\times23$	$\begin{bmatrix} 1\times1, 256 \\ 3\times3, 256 \\ 1\times1, 1024 \end{bmatrix}\times36$
conv5_x	7×7	$\begin{bmatrix} 3\times3, 512 \\ 3\times3, 512 \end{bmatrix}\times2$	$\begin{bmatrix} 3\times3, 512 \\ 3\times3, 512 \end{bmatrix}\times3$	$\begin{bmatrix} 1\times1, 512 \\ 3\times3, 512 \\ 1\times1, 2048 \end{bmatrix}\times3$	$\begin{bmatrix} 1\times1, 512 \\ 3\times3, 512 \\ 1\times1, 2048 \end{bmatrix}\times3$	$\begin{bmatrix} 1\times1, 512 \\ 3\times3, 512 \\ 1\times1, 2048 \end{bmatrix}\times3$
	1×1	Average Pool, 1000-d fc, Softmax				
FLOPs		1.8×10^9	3.6×10^9	3.8×10^9	7.6×10^9	11.3×10^9

图 4-24　ResNet 各层网络结构

本章小结

　　本章首先介绍了机器学习的基本概念、分类和原理；然后介绍了目前常用的传统机器学习方法，包括线性回归、逻辑回归、朴素贝叶斯分类、SVM、KNN、决策树、随机森林、Adaboost 和 K-means 算法；最后介绍了深度学习中最具代表性的技术——CNN。机器学习是人工智能中极具智能特征、前沿的研究领域之一，该领域的技术和方法也在不断发展中，读者可持续关注国内外学术界和工业界的最新成果。

习题

　　1. 简述机器学习的分类。

　　2. 机器学习中有监督学习和无监督学习的区别是什么？

　　3. 机器学习中损失函数的作用是什么？

　　4. 线性回归算法中，待预测值和特征值之间符合什么数学关系？

　　5. 逻辑回归算法用来做分类和回归的区别是什么？

　　6. SVM 算法中，离超平面越近的点越容易分类，还是离超平面越远的点越容易分类？

　　7. KNN 算法中，计算样本特征距离的方法通常有哪些？

　　8. 随机森林算法中，决策树是否越多越好？

9. Adaboost 算法中,如何设置样本的权重?

10. K-means 算法中,如何确认中心点?

11. 在各类机器学习算法中,哪些属于有监督学习算法?哪些属于无监督学习算法?

12. 在 CNN 中,卷积和池化操作的作用有什么不同?

13. CNN 与传统机器学习算法最大的不同是什么?

14. CNN 中激活函数通常有哪些?

第 5 章

别具慧眼：观影识图

 本章导读

随着人工智能技术的进步,计算机视觉在过去几年取得了长足的进步。在今天,配合深度学习,计算机视觉可以帮助汽车查明周围的行人和汽车,并避开它们；还可使人脸识别技术变得更加有效率和精准,如仅通过刷脸就能解锁手机或者门锁。有很多分享图片的手机应用。在上面,能看到美食,酒店或美丽风景的图片。有些公司在这些应用上使用了深度学习技术向用户展示最为生动美丽以及与用户最为相关的图片。这些新技术的应用甚至催生了新的艺术类型。计算机视觉的高速发展标志着新型应用产生的可能,这是几年前,人们所不敢想象的。人们对于计算机视觉的研究富有想象力和创造力,由此衍生出新的神经网络结构与算法,这实际上启发人们去创造计算机视觉与其他领域的交叉成果。期望有一天这项技术能被更广泛地应用,并带给人类更美好的生活。这一章就让我们一同学习计算机视觉相关技术,了解计算机是如何观影识图的。

本章要点

- 计算机视觉中的图像
- 图像的几何变换
- 图像的特征提取与识别
- 结合深度学习的应用实例

5.1　计算机视觉

由于计算机视觉在智能安防、医疗健康、机器人以及自动驾驶等领域的广泛应用,因此其近年来变得越来越重要和有效。视觉任务识别是许多应用的核心模块。当前,基于计算机视觉的技术已经从感知模式转变为可以理解现实世界的智能的计算系统。因此,掌握计算机视觉和机器学习知识是现代创新企业所需的重要技能,并且在不久的将来可能变得更加重要。

那么,什么是计算机视觉呢?

计算机视觉是一个跨学科领域,专注于利用计算机技术实现对数字图像与视频的高层次理解。从工程角度来看,计算机视觉的目标是寻找一种能够与人类视觉系统实现相同功

能的自动化任务。

　　人类用眼睛和大脑观察、感知和理解周围的世界。例如,以图 5-1(a)所示的图像为例,人类很容易在图像中看到"猫",从而实现对图像进行分类(分类任务)、在图像中定位猫[分类加定位任务,如图 5-1(b)所示]、定位并标记图像中存在的所有对象[目标检测任务,如图 5-1(c)所示]、分割图像中存在的各个对象[实例分割任务,如图 5-1(d)所示]。计算机视觉寻求开发方法以复制人类视觉系统中令人极为惊异的能力之一,即纯粹使用从各种物体反射到眼睛的光来推断真实世界的特征。

猫　　　　　猫　　　　猫,狗,鸭　　　猫,狗,鸭
(a) 分类任务　(b) 分类加定位任务　(c) 目标检测任务　(d) 实例分割任务

图 5-1　计算机视觉任务(来源:斯坦福大学计算机视觉实验室课程)

　　由于计算机视觉和视觉传感器技术领域的重大进步,计算机视觉技术如今正在各种各样的现实应用中使用,如智能人机交互、机器人和多媒体。预计下一代计算机甚至可以与人类同水平地理解人类行为和语言,代表人类执行一些任务,并以智能方式响应人类命令。

5.2　认识图像

　　计算机视觉是人工智能的一个分支,也是基于图像的基础进行的研究。可以将图像处理视为计算机视觉的预处理步骤。更确切地说,图像处理的目标是提取基本图像基元,包括边缘和角点、滤波、形态学操作等,这些图像基元通常表示以像素形式表示。

　　人们看到的图像数据是以二维形式展现的,其中有的图像是缤纷多彩、富有表现力的,有的图像表现为沉郁顿挫的黑白风格,甚至有的图像只有纯黑和纯白两种颜色。诸如此类,都是图像的不同表现形式,本节即具体介绍它们的区别。

5.2.1　彩色图像

　　常用的颜色模型包括 RGB、XYZ、HSV/HSL、LAB、LCH、YIQ 和 YUV 等。本书仅以 RGB 颜色模型为例介绍色彩空间。

　　RGB 颜色模型即红、蓝、绿三原色模型,其将红、绿、蓝 3 种不同颜色根据不同的亮度配比进行混合,从而表现出不同的颜色。由于在实现上使用了 3 种颜色的定量配比,因此该模型也被称为加色混色模型。通过 3 种基本颜色的混合叠加来表现任意一种颜色的方法特别适用于显示器等主动发光的显示设备。值得一提的是,RGB 颜色的展现依赖设备的颜色空间,不同设备对 RGB 颜色值的检测不尽相同,表现出来的结果也存在差异,如一些手机屏幕颜色特别逼真、绚丽，而另一些就难以令人满意。图 5-2 所示为 RGB 颜色模型的空间结构，这是一个立方体结构，3 个坐标轴分别代表 3 种颜色。从理论上讲，任何一种颜色都包含在该立方体结构中。

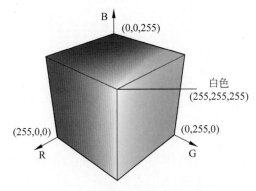

图 5-2　RGB 颜色模型的空间结构

有网页设计或开发经验的读者应该对 RGB 颜色模型有一些了解，如♯FFFFFF 代表纯白色，♯FF0000 代表正红色。这是采用十六进制对 24bit 展示模式的一种表示方法，其中前两位十六进制数字表示红色，中间两位表示绿色，最后两位表示蓝色，每一种颜色采用 8bit 无符号整数（表示范围为[0,255]的整数区间）表示，3 种颜色共计占用 24bit。

例如，使用一个元组表示正红色，元组中元素的顺序为红、绿、蓝，则正红色可以表示为(255,0,0)；再如，黄色是由红色和绿色两种颜色叠加产生的，所以正黄色可以表示为(255,255,0)。如果想要减少某种黄色的亮度，只需把红、绿两种颜色同时按比例减少即可。改变它们的配比，可以使混合后的颜色向某种颜色偏移，如橘黄色会更加偏向红色。

以 RGB 颜色模型为例，可以认为一幅图像的颜色是由包含了红、绿、蓝 3 种不同通道的颜色进行叠加混合而产生的。从数学角度来看，对于一幅彩色图像，可以认为其是由 3 个二维矩阵进行叠加混合而产生的，每一个二维矩阵记录了某种颜色在不同位置的亮度值，因此 3 个二维矩阵就对应了 3 个最基本的颜色通道。有人说一幅图像就是一个矩阵，其实这样的表述是不严谨的。对于彩色图像来讲，一幅图像不仅包含了一个矩阵，而是包含了红、绿、蓝 3 种不同颜色信息的 3 个矩阵。那么，是否存在一幅图像就是一个矩阵的情况呢？当然有！我们下面介绍的灰度图像与二值图像就是如此。

5.2.2　灰度图像

如图 5-3 所示，只需用一个二维矩阵即可表示一个灰度图像。从图 5-3 中可以看到该 28×28 的图像表现的是一个数字 6。

我们在生活中也经常接触到灰度图像，如非彩色打印书籍中的图像就是灰度图像，黑白照片也是灰度图像。这类图像有一个特点，即这些图像虽然没有包含其他颜色的信息，但我们依然能够从这些图像中获取轮廓、纹理、形状等特征。

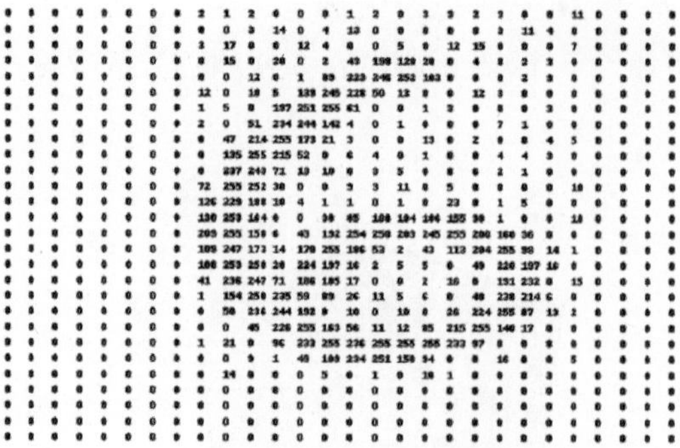

图 5-3　数字 6 图像的矩阵表示

　　我们的直观感觉是正确的,这也说明了灰度图像相对于彩色图像缺少了具体的颜色信息,但是,灰度图像依然能够完好地展示出图像中各个部分的轮廓、纹理、形状等关键特征,同时灰度图片的存储结构相对于彩色图片更为简单。这样便会产生一个优点,如果想要提取图像中的特征与颜色无太多关联,那么就可以选择将彩色图像处理成灰度图像的预处理方式。由于灰度图像的结构更为简单,同时关键信息又不大会损失,这样就可以极大地减少计算量。

　　我们可以通过手机来拍摄彩色照片,同样也可以拍摄出黑白照片。在这个过程中,黑白照片和彩色照片是否存在转换关系呢? 答案是肯定的。我们可以通过数学公式将 RGB 模型中的红、绿、蓝 3 个矩阵进行合并,合并成一个矩阵,这个矩阵就是代表了灰度图像的矩阵。

　　即便是黑色的程度也是可以量化的,介于黑色和白色之间的颜色就是灰色,那么直接量化的就是灰色的程度,这个程度就是灰度。一般的量化方法是将纯白色作为 255,纯黑色作为 0,在 0~255 中,使用对数的方法划分具体数值进行量化。当然这个数值可以是浮点数。

5.2.3　二值图像

　　二值图像中只有纯黑色和纯白色两种颜色,没有中间过渡的灰色,如图 5-4 所示。其数据结构也是一个二维矩阵,只不过其中的数值只有 0 和 1 两种。

　　二值图像是在灰度图像的基础上进一步计算的结果。其计算过程比较简单,指定一个阈值,判断图像中不同点处的灰度值,如果该点处的灰度值高于阈值,则该点值为 1,否则为 0,这样就实现了灰度图像的二值化。

　　可以看到,二值图像的空间占用量进一步减少,每一个像素点只需要 1bit 即可表示,这对于表示字符这类非黑即白形式的图像非常具有优势。由于二值图像是在灰度图像的基础上通过阈值判断产生的,因此会缺少细节部分,只能显示图像的大致轮廓。二值图像的这一特性在图像分割等场景中具有较高的利用价值。

图 5-4　二值图像示例

5.3　几何变换

为了让计算机更容易、清楚地理解图像的内容，通常会通过一些预处理程序对图像进行整理再放进神经网络，让计算机进行更有效地学习。有时会对图像以平移、旋转、缩放等方法进行预处理来增加照片数量，或者通过增加、减少图像的噪声或是特征提取来提高神经网络的精度。本节即介绍图像的几何变换技术。

图像的几何变换就是指在不改变图像原有内容的基础上，改变图像的像素空间位置，以达到变换图像中像素点位置的目的。图像的几何变换一般包括图像空间变换和插值运算，常见的变换运算包括平移、旋转、缩放等。

5.3.1　平移

图像的平移比较容易理解，与人们在实际生活中将物体搬移类似。图像是由若干个像素点组成的，对于彩色图像来说，该像素点包含 R、G、B 3 种颜色；对于灰度图像来说，其就是一个简单的矩阵，该矩阵中某一个元素的数值就是图像中该像素点的灰度值。图像平移过程如图 5-5 所示。

255	255	255	255

0	0	255	0
0	255	0	0
255	255	255	255

(a)

	255	255	255	255
	0	0	255	0
	0	255	0	0
	255	255	255	255

(b)

0	0	0	0
0	255	255	255
0	0	0	255
0	0	255	0

(c)

图 5-5　图像平移过程

图 5-5 演示的是某一个 4 行 4 列共计 16 个像素点的灰度图像向右下角平移一个单位的过程。可以看到，图 5-5（a）是一个完整的字母 Z 的图形，在向右下角平移一个单位时，由

于图像尺寸的限制,在图 5-5(b)中位于阴影区域外部的像素点必然会被丢弃。在图 5-5(c)中,使用灰度值为 0 的像素点填补空白部分。

　　综上,在图像平移过程中必然会造成某些像素点的丢失,同时也会导致图像中产生空白区域,空白区域可以自己指定像素进行填充。当然,也可以选择先扩展图像的画布,然后进行平移,这样只会引入一些空白部分,而不会导致像素点丢失。图 5-6 所示为图像平移效果。

图 5-6　图像平移效果

　　可以看到,对图像进行平移操作其实就是对图像中的各个像素点进行平移操作,或者说对其坐标轴进行移动。

　　将该平移过程用矩阵的形式表示,如下:

$$\begin{bmatrix} x \\ y \end{bmatrix} = \begin{bmatrix} x_0 \\ y_0 \end{bmatrix} + \begin{bmatrix} \Delta x \\ \Delta y \end{bmatrix} \tag{5-1}$$

　　由式(5-1)可以发现,该过程是一个非常简单的线性变换过程,只需进行矩阵的加法运算即可。

5.3.2　旋转

　　旋转也是一个线性变换过程。如图 5-7 所示,在平面直角坐标系中存在某一点 A,要想将点 A 移动到点 B,该如何操作呢?

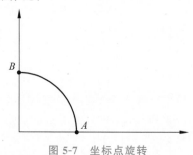

图 5-7　坐标点旋转

将点 A 旋转到点 B，该旋转过程可用如下公式表述：

$$\begin{cases} x_B = \cos\left(\dfrac{\pi}{2}\right) x_A - \sin\left(\dfrac{\pi}{2}\right) y_A \\ y_B = \sin\left(\dfrac{\pi}{2}\right) x_a + \cos\left(\dfrac{\pi}{2}\right) y_A \end{cases} \tag{5-2}$$

更一般地，可以归纳出使点 A 旋转到点 B 的数学公式：

$$\begin{bmatrix} x_B \\ y_B \end{bmatrix} = \begin{bmatrix} \cos(\theta) & -\sin(\theta) \\ \sin(\theta) & \cos(\theta) \end{bmatrix} \begin{bmatrix} x_A \\ y_A \end{bmatrix} \tag{5-3}$$

可以看到，图像旋转是一个矩阵相乘的过程。

5.3.3　缩放

图像的缩放可通过矩阵相乘实现。

要将图像中某一个点的位置向中心移动若干倍，只需要将其横纵坐标值减小到若干分之一即可。由于图像是由无数个这样的点组成的，因此图像的缩放也是类似的。我们可以用矩阵乘法的形式来表示：

$$\begin{bmatrix} x_C \\ y_C \end{bmatrix} = \begin{bmatrix} a & 0 \\ 0 & a \end{bmatrix} \begin{bmatrix} x_B \\ y_B \end{bmatrix} = a \begin{bmatrix} x_B \\ y_B \end{bmatrix} \tag{5-4}$$

式中，a 为缩放的比例。

如果 $a<1$，则表示将图像缩小；如果 $a>1$，则表示将图像放大。将图像缩小必然会导致一些点的缺失；而将图像放大也会引入一些新的点，但新的点并不能用随便一个数值进行填充，而要通过一系列数学运算产生，该过程称为插值。常用的插值方法有最近邻插值、双线性插值等。

5.4　图像特征

可以通过一个人的面部来识别这个人的身份，虽然难以用直白的叙述来表示大脑是依据怎样的机制通过人脸识别人的身份的，但一定是通过某种机制提取一个人的面部特征，再通过这些面部特征进行身份识别的。这样也就能够解释为什么子女与父母长得比较像：这是因为他们的面部特征相似，只不过这些面部特征难以用语言显式地进行表述。图像的识别也是一样的道理，通过一系列的算法提取出图像的高级特征，这个特征可以通过数学手段进行描述，称为特征描述子。通过提取核心、有用的成分，摒弃无关成分，可对图像进行表示。

空间滤波是指利用滤波器与原图像进行卷积运算，得到能够突显出原图某方面视觉特征的描述图，使用不同的滤波器会得到不同效果。滤波器通常为正方形（如 3 × 3），又称为核。这一节我们来认识可以对影像进行预处理程序的空间滤波技术。在介绍常用的滤波器之前,我们先来学习卷积运算。

5.4.1　卷积运算

卷积运算在图像处理中应用十分广泛,许多图像特征提取方法都会用到卷积。以灰度图像为例,其在计算机中被表示为一个整数矩阵。如果使用一个形状较小的矩阵和该图像矩阵进行卷积运算,就可以得到一个新的矩阵,这个新的矩阵可以看作一幅新的图像。也就是说,通过卷积运算,可以将原图像变换为一幅新的图像。这幅新图像有时比原图像可更清楚地表达某些性质,我们就可以将其作为原图像的一个特征。这里用到的小矩阵就称为卷积核。通常,图像矩阵中的元素都为 0~255 的整数,但是卷积核中的元素可以是任意实数,如图 5-8 所示。

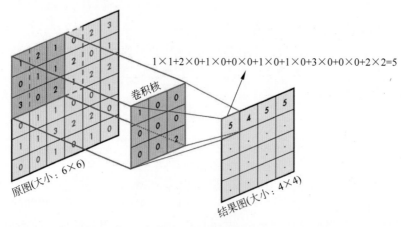

图 5-8　卷积核

图像与滤波器的卷积运算基本上就是在重复"移动—对齐—计算乘积和"这一过程,直到滤波器与图像的最后一格对齐为止。其中,滤波器与图像都可以视为向量或矩阵,最后得到的便是这两个向量卷积的结果。

下面介绍一个向量卷积的例子。现在有 A、B 两个向量,分别是(3 4 5)、(1 2 3 4 5)。其中,A 是短向量,也可以把它当作卷积核;而 B 为长向量,可视为图像。

第 1 步,将短向量与长向量对齐,进行第一次乘积和运算,便可以得到第一个结果向量,如图 5-9(a)所示。

第 2 步,移动短向量,在此以一次移动一格为例,此时短向量会对齐长向量的第二个元素。接着进行第二次乘积和运算,便可以得到第二个结果向量,如图 5-9(b)所示。

第 3 步,将短向量移动一格,此时短向量会对齐长向量的第三个元素,而短向量的结尾也对齐长向量的最后一个元素。完成这次乘积和运算之后,便可以得到两个向量的卷积运算和,如图 5-9(c)所示。

二维向量的运算是在进行图像处理时会用到的运算,其与一维向量运算的不同之处在

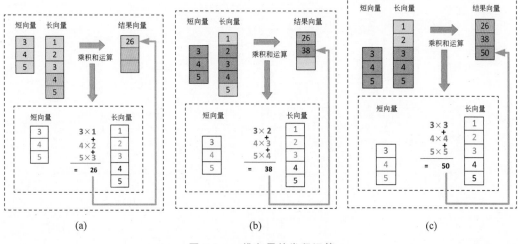

图 5-9   一维向量的卷积运算

于需要沿着横向与纵向两个方向进行移动。下面以 3×3 滤波器与 4×4 图像的卷积为例进行介绍。

第 1 步，将小矩阵与大矩阵对齐后，进行乘积求和，得到第一个卷积结果，如图 5-10(a)所示。

第 2 步，每次移动一格，如图 5-10(b)所示，大矩阵向右移动一格，小矩阵与之对齐后，进行乘积求和运算。

第 3 步，在卷积核横向到达最右端之后，将卷积核向下移动一格，即从最左端开始重复相同的步骤，对齐之后进行乘积求和运算，如图 5-10(c)所示。

第 4 步，将小矩阵与大矩阵的最后一个元素对齐后，进行乘积求和运算，如图 5-10(d)所示。

从上面的运算可以发现，卷积结果通常比原向量要小。有时为了使卷积后得到的结果与原向量大小保持一致，会先在原向量周围填补 0(Zero-Padding)再进行卷积运算，以维持相同大小。

5.4.2   认识滤波器

平滑滤波器又称为平均滤波器(average filter)，顾名思义，便是将卷积核所运算的区域取平均输出。平滑滤波器最主要的用途就是模糊化(blurring)以及减少噪声(noise reduction)。以下以 3×3 卷积核为例进行介绍。由于 3×3 的卷积核是每 9 格取一个值，因此通过 1 将每格的数值取出相加后，再除以 9，以得到平均数，如图 5-11 所示。根据每一格所占比例不同，将离中心较远的权重降低，就可以得到与原图最相近的结果，如图 5-12 所示。

中值滤波器(Median Filter)常用来减少噪声，但其并不是单纯地进行卷积，而是依照卷积的步骤将被卷积核运算的区块(如 3×3)取中间值(Median)来当作输出，而非直接进行乘

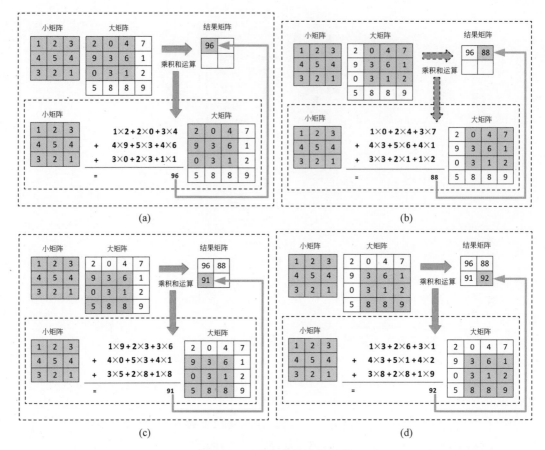

图 5-10　二维向量的卷积运算

$$\frac{1}{9} \times \begin{array}{|c|c|c|} \hline 1 & 1 & 1 \\ \hline 1 & 1 & 1 \\ \hline 1 & 1 & 1 \\ \hline \end{array}$$

图 5-11　平均滤波器示例

$$\frac{1}{16} \times \begin{array}{|c|c|c|} \hline 1 & 2 & 1 \\ \hline 2 & 4 & 2 \\ \hline 1 & 2 & 1 \\ \hline \end{array}$$

图 5-12　加权平均滤波器示例

积求和。由于噪声通常是与图像本身不相关的信息,与周围的像素亮度相差较大,因此在取中间值时通常不太会取到噪声,因而可以滤除噪声。对加入噪声图像使用不同滤波器后的效果如图 5-13 所示。

(a) 原始图像　　　　　　　(b) 加入强度20%椒盐噪声的图像

(c) 3×3窗的均值滤波图像　　　　(d) 3×3窗的中值滤波图像

图 5-13　对加入噪声图像使用不同滤波器后的效果

　　索伯滤波器(Sobel Filter)也称为索伯算子(Sobel Operator)，经常应用于计算机视觉领域，其功能为边缘检测。索伯滤波器可以分为两个方向的边缘检测(图 5-14)，其数学意义是通过离散性差分运算计算图像亮度的梯度。

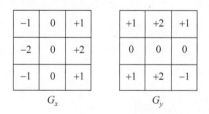

G_x　　　　　　　　G_y

图 5-14　索伯滤波器两个方向的边缘检测

　　所谓的梯度计算，我们可以简单地把索伯滤波器理解为将索伯算子两侧相减，如图 5-14 中的 G_x 为 x 方向的索伯算子，将其叠加在图像上进行卷积运算时，便可以看成是用右侧的 $(+1,+2,+1)$ 减掉左侧的 $(-1,-2,-1)$。由于物体边缘通常会有明显的亮暗分界，通过相减，可以更加凸显边缘。图 5-15 展示了图像经过索伯滤波器凸显边缘的示例。

(a) 原始图像　　　　　　　　　　(b) 经过索伯滤波器处理的图像

图 5-15　图像经过索伯滤波器处理后的结果

5.5　图像识别

　　本节介绍利用深度学习让计算机分析经过处理的图像，以便从图像中得到更多有效且更便于人类解读的信息。目前图像识别常用的方法是利用人工神经网络识别图像中的对象，进而将图像进行分类或聚类。

　　事实上，要想得到一个相对来说健全、完整、准确率高的神经网络，仅靠三层神经元不太可能实现。其中间的隐藏层还可以加入更多层，实践中可能会高达数百、数千，甚至数万层以上。每加入新的一层，都会收到上一层输出的信息，每一层都对这些信息做进一步的处理，以得到更具代表性的信息表示，提升输出层判断结果的准确率。

　　像这样拥有一个输入层、多个隐藏层以及一个输出层，并且彼此之间层层相连的神经网络模型就称为深度神经网络(Deep Neural Network，DNN)。

　　有了基本的神经网络模型后，还需要经过一个学习过程，才能成功地识别目标对象，这个过程称为训练。深度神经网络模型中，一个神经元与自己上下层的每一个神经元都有连接，每个连接都由一个权重参数控制，这些参数决定了该神经元什么时候会被触发，进而向后传递信息。

　　然而，为了提升目标对象的识别准确率，人们会不断地增加其中的隐藏层，使得神经元的数量不断攀升，之前的连接也愈加错综，最终形成一个极其复杂的神经网络。这样的神经网络在训练上非常困难，因为每一次训练要调整变动的参数数量都非常庞大，不但很难找到最佳结果，在运算上也非常浪费计算资源。

　　因此，为了简化深度学习模型，人们引入了卷积运算，从而衍生出一种新的神经网络模型，即第 4 章介绍的卷积神经网络。在卷积神经网络中，一个神经元不会与其上下层的每一个神经元都有连接,而是利用卷积核的概念找出图像的特征并向下传递。这些特征可以使人们更容易辨识出正确的对象,因此神经元个数相同的卷积神经网络的表现会比一般深度神经网络更加出色,大幅降低了需要训练的参数量。

经典的卷积神经网络架构 AlexNet 如图 5-16 所示,该架构在 2012 年度 ILSVRC 中获得了图像辨识的冠军,开创了深度学习的另一个时代。

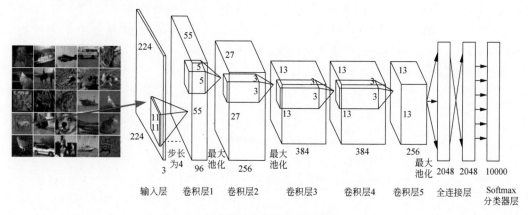

图 5-16　经典的卷积神经网络架构 AlexNet

5.5.1　卷积层

一个卷积神经网络大多是以卷积层为主体建构而成的。把输入的图像转换成 RGB 3 个通道的矩阵表示法,即一幅图像的每个像素都以 3 个数字表示,会得到 3 个与图像大小相符的矩阵,作为神经网络模型的输入。与单纯的深度神经网络模型不同,卷积神经网络中以卷积的核心作为基本单位,对模型的输入进行卷积运算,经过运算的矩阵可以视为一张新的图像。

多层卷积层相连时,新的输出图像就会通过一层层的滤镜在特征处愈发鲜明,称之为特征图(feature map)。除了输入的卷积层外,之后的卷积层都是用上层输出的特征图作为输入进行运算的。因此,一个拥有多个卷积层的神经网络还具备特征提取功能。利用这些特征图作为之后其他层的神经元输入,可以大大提升神经网络模型在辨识对象上的准确度。

5.5.2　池化层

一幅特征突出的图像在经过卷积层处理后,部分神经元可能会变得非常活跃,从而使得某个特定区域的计算量逐渐变大,难以处理。因此,在一个到数个卷积层后加入池化层,可以压缩卷积层输出的特征图,只留下主要特征,降低整个网络的计算复杂度,使训练网络的过程更加顺利。

池化层的功能主要是找出局部的特殊值。首先将一幅图像的 3 个信道(RGB)分开,在每个信道中都将图像分成数个大小相同的区块,每个区块中的像素数量都相同,在每一个区块中只取一个值作为代表;然后将这些代表值组合起来形成一个新的通道;最后将 3 个通道的结果重叠,得到一张新的图片。

图 5-17 所示为最大池化运算示例,如果只看图片中的其中一个通道,假设一张图片的分辨率是 4×4,那么这 16 个像素值就可以表示成一个 4×4 的矩阵。将其切割成 4 个区块,每个区块都是一个 2×2 的矩阵,在每个区块的 4 个值中都挑选一个值,将这 4 个值组合成一个 2×2 的矩阵,其就是这个通道新的表示。一般而言,池化层分为平均池化层(Average Pooling Layer)和最大池化层(Max Pooling Layer)两种,其分别挑选每个区块的平均值和最大值作为代表。

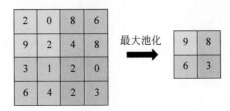

图 5-17　最大池化运算示例

虽然切割区块的大小及所选的代表值会影响池化层保留特征的效果,但每个区块中都保留了最具代表性的值,并且每个值之间的相对关系没有被改动,因此稍微降低的特征效果可以通过加深网络来改善。另外,从图 5-17 中可以看到矩阵的尺寸都从 4×4 缩小成了 2×2,计算量变为原来的 1/4,大大降低了计算资源的负担。

5.5.3　全连接层

全连接层中的每个神经元都会与上一层的所有神经元连接。在辨识对象的神经网络中,输出层就像一个分类器,其中每个神经元代表对象的类别,输出的值通常是辨识成这个对象的概率。而全连接层可以将该网络先前学习到的特征向量进行转换,以交给分类器进行分类。

不同于卷积层,经过全连接层计算的值不会受到学习到的特征所在位置的影响。例如,如果神经网络在一张图片的左上角学习到一只狗的特征,在另一张图片的右下角也学习到一只狗的特征,因为位置不同,所以其会表示成两个不同的特征向量。但是,经过全连接层的计算后,这两个特征向量会触发同一个神经元,使最后一层的分类器在狗的分类上有比较明显的响应。

在实践应用中,全连接层常利用卷积运算实现。以图 5-18 为例,AlexNet 的第一个全连接层输入是一个 6×6×256 的特征向量,输出为 4096×1 的向量,利用一个 6×6×256×4096 的卷积层进行运算,也就是执行了 4096 个 6×6×256 的卷积运算,从而得到每一个神经元的输出结果。

全连接层的参数数量通常较大,在神经网络模型中,通常将全连接层放置在卷积层之后,用于对学习得到的特征向量进行最终的整合,而不再将全连接层用于图像的其他分析。

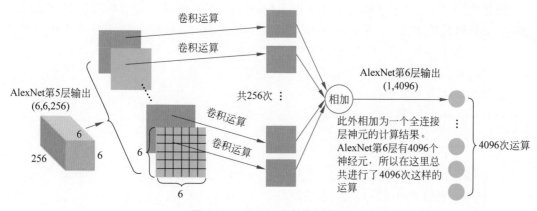

图 5-18 AlexNet 中的全连接层

5.5.4 激活层

前面介绍的每一种神经网络层所计算得到的输出都是输入的线性函数（Linear Function），这会产生什么问题呢？我们知道，线性系统有迭加性质（Superposition Property），而神经网络运算结果是层层相连的，上一层的输出会当作下一层的输入继续进行运算。倘若每一层运算都是一种线性函数，那么不管这些神经网络结构如何，最后的输出都只是输入的线性组合。也就是说，如果多层网络的运算都是线性的话，那么运算效果与只用一个全连接层网络相差无几。这样的线性分类器可以解决普通的直线二分类问题（图 5-19）。

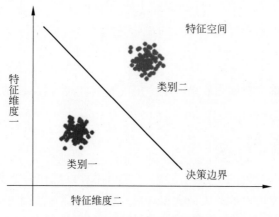

图 5-19 直线二分类问题

然而，现实生活中的分类问题复杂得多，往往不是线性分类可以解决的。为了解决这个问题，尝试在网络中加入非线性函数（Non-Linear Function），即在卷积层、全连接层后加入激活层（Activation Layer）。

　　激活层的主要目的在于引进非线性因素到神经网络中,做法是在每次线性运算之后加上一个非线性函数运算。其中,ReLU 是目前最常被使用的非线性函数,其主要作用是将所有小于 0 的数值调整为 0,其余数值则维持不变,在计算上相对简单。实际上,ReLU 函数在神经网络模型中训练的效果也很不错,因此得以广泛应用。

　　运用在激活层中常见的非线性函数主要有以下 3 个。

　　(1) sigmoid(s 函数):

$$s(x) = \frac{1}{1 + e^{-x}}$$

sigmoid 函数如图 5-20(a)所示。

　　(2) tanh(双曲正切函数):

$$\tanh x = \frac{\sinh x}{\cosh x} = \frac{e^x - e^{-x}}{e^x + e^{-x}}$$

tanh 函数如图 5-20(b)所示。

　　(3) ReLU(线性整流函数):

$$f(x) = \max(x, 0)$$

ReLU 函数如图 5-20(c)所示。

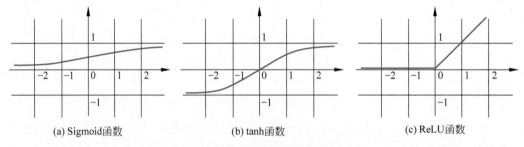

(a) Sigmoid函数　　　　　　　(b) tanh函数　　　　　　　(c) ReLU函数

图 5-20　激活层中常见的非线性函数

　　这些非线性函数都会对训练效果产生一定的影响,应依据自己的神经网络模型选择合适的非线性函数。

5.5.5　标准化指数层

　　在一个功能为辨识对象的神经网络中,其输出层可以看作一个分类器。一般来说,输出层的神经元个数与要辨识的对象种类相对应。在输出层中,每个神经元的输出值可以作为一张图片辨识为该对象的概率,概率最高的对象会被视为预测结果。

　　为了让神经网络每一个神经元的输出都是一个合理的概率,即 0~1,一般使用标准化指数层(Softmax Layer)作为神经网络的输出层。标准化指数层的作用是利用一个标准化函数将先前的计算成果限定在我们希望的范围内,即 0~1。位于输出层的标准化指数层通常在前端与一个全连接层相接,全连接层将之前得到的特征向量加以运算,得到方便分类的数值,然后加上标准化函数作为分类器,计算最终结果。

到此为止,本章已经介绍了在 AlexNet 中出现的所有神经网络层,该架构中一共运用了 5 层卷积层与 3 层全连接层。网络前端首先利用 5 层卷积层找出输入图片的特征,其中在第 1、2、5 个卷积层后接上了池化层,用来压缩提取到的特征,但会保留决定性的因素,以降低整个网络的运算量。然后,在网络后端接上 3 层全连接层及标准化函数,对提取到的特征进行调整;在每一个卷积层及部分全连接层后接上了激活层,以便每一层计算的结果得以保留。最后,将得到的特征输入分类器中,得到分类结果。

虽然随着计算机计算能力的进步,神经网络模型的结构逐渐变得又深又复杂,比 AlexNet 更快速、更准确的卷积神经网络结构相继出现,但不可否认的是,AlexNet 为后续的其他网络架构都奠定了基础,是深度学习发展的一个重要里程碑。

5.6　从图像到视频

这些年来,互联网视频(video)的数量日益增长,视频内容日渐丰富,视频技术的应用也日趋广泛。面对浩如烟海的视频资源,如何让计算机自动并准确地分析其内容,从而方便用户使用呢? 视频理解(Video Understanding)为这一切的基础,因此其理所当然成为计算机视觉领域的热门方向。从光流特征到轨迹特征,从传统方法到深度学习,新方法的不断涌现推动着视频理解技术持续发展。如今,无论是在视频内容分析、视频监控领域,还是在人机交互、智能机器人等领域,视频理解技术都取得了令人振奋的成果。

人类眼中的视频本质上就是连续播放的图片。人们之所以能看到画面中的运动,是因为被人眼的视觉暂留机制"欺骗"了。一段足球射门视频实际上是由连续拍摄的数百张照片组成的序列,其中每张照片称为该视频的一帧(Frame)。这里选取其中 5 帧图像,如图 5-21 所示。当几百张图像以每秒 24 帧以上的速度播放时,在视觉暂留机制的作用下,原本静止的画面就可以运动起来。化静为动,一段极富张力的射门动作就这样呈现在了人们眼前。

图 5-21　视频包含的 5 帧图像

我们在生活中处处都能接触到视频:电影院里放映的电影、电视上播放的节目、DVD 存储的影片,还有手机应用中可以在线播放的视频,等等。本章已经介绍了图像在计算机中的表示方式,那么视频又是如何在计算机上表示的呢?

在计算机中,视频就是按照时间顺序排列起来的图像。在播放时,只需要按照一定的速度依次将图像显示出来,就能呈现运动的视频画面。相比于图像,我们可以认为视频多了一个维度——时间维。因此,可以用一个函数 $I(x,y,t)$ 表示一个视频的信息,其中 t 是某一视频帧对应的时刻,(x,y) 是该视频帧中某个像素对应的位置(二维坐标)。这种表示方法将视频和图像紧密地联系起来,使用户可以运用图像领域的很多技术进行视频方面的研究。

运动估计(Motion Estimation)是提取视频中重要信息常使用的方法,除了用于视频压缩(Video Compression)之外,也能用于视频识别等任务。运动估计的目的在于估测视频中像素、区块或是对象随时间推移在空间中的位置变化。因此,运动估计的结果可以使用该像素、区块或是对象在两相邻时间取样点间的水平位移量与垂直位移量表示,这些成对的水平与垂直位移量称为动作向量(Motion Vector)。

如图 5-22(a)所示,把图像中的狗当作对象,选取对象范围(如图中的方框),对从第 t 帧到第 $t+1$ 帧狗的动作进行运动估计,即为对象层级的运动估计。如图 5-22(b)所示,将狗的图像分为不同区块,并分别标以不同颜色代表各区块的特征,如黄色代表右耳,紫色代表左耳,蓝色代表额头等。从第 t 帧到第 $t+1$ 帧,将各区块的水平位移和垂直位移记录下来,即为区块层级的运动估计。

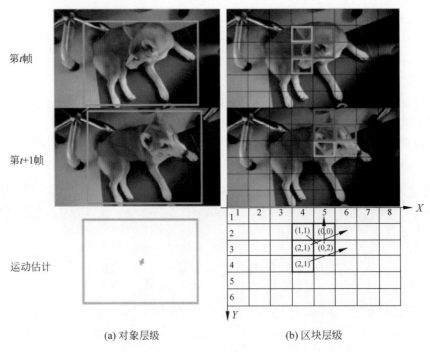

(a) 对象层级　　　　　　　(b) 区块层级

图 5-22　目标运动估计

在估测动作向量时,通常对视频中的移动物体有如下几项假设。

（1）物体与相邻两个帧间的位移量不会太大。

（2）物体不会随着时间改变颜色。

（3）物体形状不会随着时间改变。

如此一来，在估计时间点 t 某个物体的动作向量时，便可以将搜寻范围确定为时间点 $t+1$ 的图像中，以该物体于时间点 t 时的位置向周围延伸边长为 $2r$ 的正方形区域，并于此区域中搜寻与目标物体最相似的新位置。时间点 $t+1$ 时的新位置$(x_{\text{new}}, y_{\text{new}})$与时间点 t 时的原位置$(x_{\text{original}}, y_{\text{original}})$的坐标差$(x_{\text{new}} - x_{\text{original}}, y_{\text{new}} - y_{\text{original}})$即为动作向量的估测结果 v。

动作向量估测如图 5-23 所示，时间点 t 的帧（第 t 帧）与时间点 $t+1$ 的帧（第 $t+1$ 帧）被分割成 $m \times n$ 个 $d \times d$ 大小的区块。假设时间点 t 时，帧位置于(x, y)的区块为估测动作向量的目标区块（图 5-23 中的黄色方块）；在时间点 $t+1$ 时，帧以(x, y)为中心，周围的区块则为搜寻范围（图 5-23 中的绿色范围）。

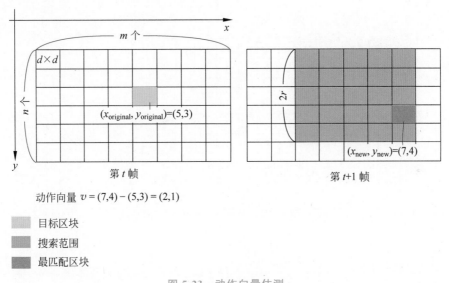

图 5-23　动作向量估测

首先，将目标区块的数值取出，假设 $d=2$，目标区块的数值即有 2×2 共 4 个。

然后，依次取出搜寻范围中每个区块的数值与目标区块的数值，计算绝对值误差总和，如图 5-24 所示。

最后，选取与目标区块绝对值误差总和最小的区块位置作为估计的新位置，新位置与原位置的坐标差即为动作向量估测结果，如图 5-25 所示。

对整张影像的所有区块进行上述运算后，即可获得动作向量图。假设区块大小为 8×8，那么在一部分辨率为 1920 像素×1080 像素的视频中，动作向量图的数据量为原始视频的 1/96，可以大幅减少后续处理所需的运算量。

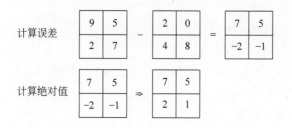

图 5-24　绝对值误差总和

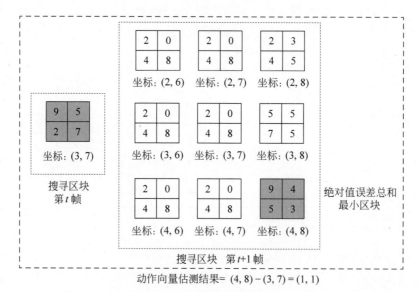

图 5-25　动作向量估测结果

5.7　应用实例

如果需要根据大量已归类的鲜花图片建立一个能识别鲜花的模型,给未归类的图片自动贴标签,这就是一个典型的分类问题,同时也是一个计算机视觉领域的问题。

5.7.1　数据收集和预处理

在 Kaggle 网站有一个公开的数据集(https://www.kaggle.com/alxmamaev/flowers-recognition),里面收纳了各类花朵图片,可以将其作为本项目的数据集。由于该花朵图片的数据集较大,因此不必把它下载下来,可以直接在网站中创建 Notebook,以完成对花朵图片进行归类的工作。下面指定 4 个花朵目录,并通过 OpenCV(开源计算机视觉库)工具箱读入图片的数据。OpenCV 是一个跨平台的开源计算机视觉方面的 API 库，这里应用其中的 imread 和 resize 功能读入并裁剪图片到 150×150 像素。

```
import numpy as np                                       # 导入 Numpy
import pandas as pd                                      # 导入 Pandas
import os                                                # 导入 OS
import cv2                                               # 导入 OpenCV 工具箱
print(os.listdir('../input/flowers-recognition/flowers'))        # 输出目录结构
daisy_dir = '../input/flowers-recognition/flowers/daisy'          # 雏菊目录
rose_dir = '../input/flowers-recognition/flowers/rose'            # 玫瑰目录
sunflower_dir = '../input/flowers-recognition/flowers/sunflower'  # 向日葵目录
tulip_dir = '../input/flowers-recognition/flowers/tulip'          # 郁金香目录
X = []                                                   # 初始化
y_label = []                                             # 初始化
imgsize = 150                                            # 图片大小
# 定义一个函数，读入花朵图片
def training_data(label,data_dir):
    print ("正在读入:", data_dir)
    for img in os.listdir(data_dir):                     # 目录
        path = os.path.join(data_dir,img)                # 目录 + 文件名
        img = cv2.imread(path,cv2.IMREAD_COLOR)          # 读入图片
        img = cv2.resize(img,(imgsize,imgsize))          # 设定图片像素维度
        X.append(np.array(img))                          # X 特征集
        y_label.append(str(label))                       # y 标签，即花朵的类别
# 读入目录中的图片
training_data('daisy',daisy_dir)                         # 读入雏菊
training_data('rose',rose_dir)                           # 读入玫瑰
training_data('sunflower',sunflower_dir)                 # 读入向日葵
training_data('tulip',tulip_dir)                         # 读入郁金香
```

图片数据导入程序之后，随机用 imshow 功能显示几张花朵图片，以确认已经成功读入图片。

```
import matplotlib.pyplot as plt                          # 导入 matplotlib
import random as rdm                                     # 导入随机数工具
# 随机显示几张花朵图片
fig,ax = plt.subplots(5,2)                               # 画布
fig.set_size_inches(15,15)                               # 大小
for i in range(5):
    for j in range(2):
        r = rdm.randint(0,len(X))                        # 随机选择图片
        ax[i,j].imshow(X[r])                             # 显示图片
        ax[i,j].set_title('Flower: ' + y_label[r])       # 花朵的类别
plt.tight_layout()                                       # 绘图
```

数据集随机输出结果如图 5-26 所示。

图 5-26　数据集随机输出结果

5.7.2　构建特征集和标签集

用 LabelEncoder 为标签 y 编码,并把特征集 X 转换为张量数组,代码如下:

```
from sklearn. preprocessing import LabelEncoder          ♯导入标签编码工具
from tensorflow. keras. utils import to_categorical       ♯导入 One - hot 编码工具
label_encoder = LabelEncoder()
y = label_encoder. fit_transform(y_label)                 ♯标签编码
y = to_categorical(y,4)                                    ♯将标签转换为 One - hot 编码
X = np. array(X)                                           ♯将 X 从列表转换为张量数组
```

输出如下:

```
(3265, 150, 150, 3)
```

该输出结果表示,在当前数据集中一共有 3265 张 150×150 像素的图片,且所有图片的颜色通道数为 RGB 3。

5.7.3　特征工程和数据集拆分

首先进行归一化处理,把 0～255 的 RGB 像素值压缩到 0～1。然后,对数据集进行拆分。

```
X = X/255                                        #将 X 张量归一化
from sklearn.model_selection import train_test_split    #导入拆分工具
X_train, X_test, y_train, y_test = train_test_split(X, y, #拆分数据集
                            test_size = 0.2, random_state = 1)
```

到这里，就完成了数据集的所有准备工作，下面进入建立模型环节。

5.7.4 建立模型

这里用 Keras 建立卷积神经网络模型。因为 TensorFlow 和 Keras 完全集成在 Kaggle 的 Notebook 中，所以不需要 pip install。直接调用其中的 API，就能够搭建网络模型。下面这段不到 20 行的代码就搭建了一个能够为花朵图片分类的卷积神经网络：

```
from tensorflow.keras import layers                #导入所有层 行 1
from tensorflow.keras import models                #导入所有模型 行 2
cnn = models.Sequential()                          #贯序模型 行 3
cnn.add(layers.Conv2D(32, (3, 3), activation = 'relu',    #输入卷积层 行 4
                        input_shape = (150, 150, 3)))
cnn.add(layers.MaxPooling2D((2, 2)))               #最大池化层 行 5
cnn.add(layers.Conv2D(64, (3, 3), activation = 'relu'))    #卷积层 行 6
cnn.add(layers.MaxPooling2D((2, 2)))               #最大池化层 行 7
cnn.add(layers.Conv2D(128, (3, 3), activation = 'relu'))   #卷积层 行 8
cnn.add(layers.MaxPooling2D((2, 2)))               #最大池化层 行 9
cnn.add(layers.Conv2D(128, (3, 3), activation = 'relu'))   #卷积层 行 10
cnn.add(layers.MaxPooling2D((2, 2)))               #最大池化层 行 11
cnn.add(layers.Flatten())                          #展平层 行 12
cnn.add(layers.Dense(512, activation = 'relu'))    #全连接层 行 13
cnn.add(layers.Dense(4, activation = 'softmax'))   #分类输出层 行 14
cnn.compile(loss = 'categorical_crossentropy',     #损失函数 行 15
            optimizer = 'RMSprop',                 #优化器
            metrics = ['acc'])                     #评估指标
```

这段代码的结构并不复杂。神经网络中最主要的结构就是"层"，各种不同的层像拼积木一样组合起来，就形成了不同的神经网络。可以用下面的方法图形化显示整个 CNN 模型：

```
from IPython.display import SVG                     #实现神经网络结构的图形化显示
from tensorflow.keras.utils import model_to_dot    #导入 model_to_dot 工具
SVG(model_to_dot(cnn).create(prog = 'dot', format = 'svg'))#绘图
```

神经网络结构的图形化结果如图 5-27 所示。

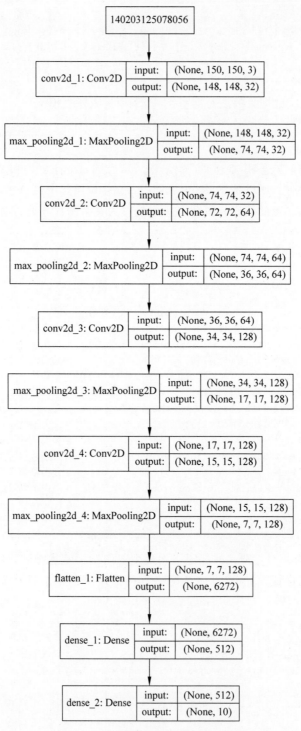

图 5-27　神经网络结构的图形化结果

模型构建好后，可以用 fit 语句进行训练。

```
# 训练网络并把训练过程信息存入 history 对象
history = cnn.fit(X_train, y_train,            # 训练数据
                 epochs = 10,                  # 训练轮次（梯度下降）
                 validation_split = 0.2)       # 训练的同时进行验证
```

在训练过程中指定了 validation_split，其可以在训练的同时自动把训练集部分拆出来进行验证，在每一个训练轮次中求出该轮次在训练集和验证集中的损失和预测准确率。训练输出如下：

```
Train on 2089 samples, validate on 523 samples
Epoch 1/5
2089/2089 [ =============================== ] - 86s 41ms/step - loss: 1.3523 -
acc: 0.3978 - val_loss: 1.0567 - val_acc: 0.5411
Epoch 2/5
2089/2089 [ =============================== ] - 85s 41ms/step - loss: 1.0167 -
acc: 0.5692 - val_loss: 1.0336 - val_acc: 0.5526
Epoch 3/5
2089/2089 [ =============================== ] - 85s 41ms/step - loss: 0.8912 -
acc: 0.6343 - val_loss: 0.9183 - val_acc: 0.6310
Epoch 4/5
2089/2089 [ =============================== ] - 84s 40ms/step - loss: 0.8295 -
acc: 0.6596 - val_loss: 0.9289 - val_acc: 0.6138
Epoch 5/5
2089/2089 [ =============================== ] - 85s 41ms/step - loss: 0.7228 -
acc: 0.7056 - val_loss: 1.0086 - val_acc: 0.5736
... ...
```

输出信息包括训练轮次（梯度下降次数）、每轮次训练时长、每轮次训练过程中的平均损失，以及分类的准确度。这里的轮次，就是神经网络对其中的一个神经元自动调参、通过梯度下降进行最优化的过程。

上述训练过程已经包含了验证环节。但是，为了更好地体现训练过程中的损失变化情况，这里对每轮次的损失和准确率进行可视化，绘制损失曲线，以展示模型在训练集中评估分数和损失的变化过程。

```
def show_history(history):                                # 显示训练过程中的学习曲线
    loss = history.history['loss']                        # 训练损失
    val_loss = history.history['val_loss']                # 验证损失
    epochs = range(1, len(loss) + 1)                      # 训练轮次
    plt.figure(figsize = (12,4))                          # 图片大小
    plt.subplot(1, 2, 1)                                  # 子图 1
    plt.plot(epochs, loss, 'bo', label = 'Training loss') # 训练损失
```

```
        plt.plot(epochs, val_loss, 'b', label = 'Validation loss')    #验证损失
        plt.title('Training and validation loss')                     #图题
        plt.xlabel('Epochs')                                          #X轴文字
        plt.ylabel('Loss')                                            #Y轴文字
        plt.legend()                                                  #图例
        acc = history.history['acc']                                  #训练准确率
        val_acc = history.history['val_acc']                          #验证准确率
        plt.subplot(1, 2, 2)                                          #子图2
        plt.plot(epochs, acc, 'bo', label = 'Training acc')           #训练准确率
        plt.plot(epochs, val_acc, 'b', label = 'Validation acc')      #验证准确率
        plt.title('Training and validation accuracy')                 #图题
        plt.xlabel('Epochs')                                          #X轴文字
        plt.ylabel('Accuracy')                                        #Y轴文字
        plt.legend()                                                  #图例
        plt.show()                                                    #绘图
show_history(history)                                                 #调用该函数
```

损失曲线如图 5-28 所示。

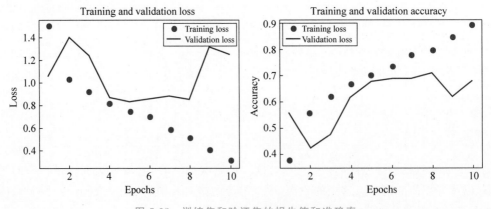

图 5-28   训练集和验证集的损失值和准确率

可以看到,训练集的损失呈现下降趋势,但是测试集上的损失则呈现跳跃现象,这说明该神经网络性能不是很稳定,可能有过拟合现象。可以在此基础上继续优化神经网络,让神经网络的损失值更低,准确率更高。

用该训练好的模型在测试集中进行分类结果的评分。

```
result = cnn.evaluate(X_test, y_test)              #评估测试集中的准确率
print('CNN 的测试准确率为',"{0:.2f} % ".format(result[1]))
```

输出如下:

```
653/653 [ ============================= ] – 10s 15ms/step
CNN 的测试准确率为 0.69 %
```

输出显示，在 653 张测试集的图片中进行测试，模型的分类准确率达到了 0.69 以上。可以应用模型的 predict 属性传入 X 特征集，进行花朵图片的分类。

```
prediction = cnn.predict(X_test)          ♯ 预测测试集的图片分类
```

如下代码输出第一个图片（Python 的索引从 0 开始，所以下标 0 就是第一张图片）的分类预测值：

```
prediction[0]      ♯ 第一张图片的分类
```

输出如下：

```
array([0.0030566 , 0.13018326, 0.00846946, 0.8582906 ], dtype = float32)
```

需要注意，此时输出的是分类概率。上述输出结果表示，第一类花 Daisy（雏菊）的概率为 0.03，第二类花 Rose（玫瑰）的概率为 0.13，第三类花 Sunflower（向日葵）的概率为 0.008，第四类花 Tulip（郁金香）的概率为 0.858。如下代码选出最大的概率，并把它当作 CNN 的分类结果：

```
print('第一张测试图片的分类结果为:', np.argmax(prediction[0]))
```

输出如下：

```
第一张测试图片的分类结果为: 3
```

输出结果显示第一张图片被 CNN 网络模型分类为第 4 种花（索引从 0 开始，所以类别 3 就是第 4 种花），即 Tulip（郁金香）。到此神经网络完成了分类功能，准确率达到 69%。

本章小结

本章介绍了图像识别的几个主要概念，说明了图像与视频的差异，并讨论了深度学习如何将空间数据推广到时空数据进行处理。首先是图片的预处理，介绍了空间滤波器的功能及特质、卷积运算方法；接着，在深度学习架构中探讨了深度神经网络，以及卷积层、池化层、全连接层、激活层、标准化指数层的作用。本章列举了一些当前最常见的图像识别应用,希望能更好地诠释图片识别。相信在看完本章后,读者对计算机视觉会有一个初步的了解和认识。

习题

----

1. 简述颜色的三要素(three elements of color)。
2. 什么是计算机视觉?
3. 卷积核的作用是什么?
4. 简述卷积核的层数对模型泛化能力的影响。

第 6 章

自然语言：望文生义

本章导读

自然语言处理（Natural Language Processing，NLP）是计算机科学领域与人工智能领域中的一个重要方向，其研究能实现人与计算机之间用自然语言进行有效通信的各种理论和方法。自然语言处理是一门融语言学、计算机科学、数学于一体的科学。因此，这一领域的研究将涉及自然语言，即人们日常使用的语言。所以，自然语言处理与语言学的研究有着密切的联系，但又有重要的区别。自然语言处理并不是一般地研究自然语言，而在于研制能有效地实现自然语言通信的计算机系统，特别是其中的软件系统，因此其是计算机科学的一部分。自然语言处理主要应用于机器翻译、舆情监测、自动摘要、观点提取、文本分类、问题回答、文本语义对比、语音识别、中文 OCR 等方面。

本章首先介绍自然语言处理基础，并对自然语言处理的主要工作任务进行划分；然后对自然语言处理领域的一些关键技术进行解读；最后对自然语言处理的典型应用场景做简要阐述。

本章要点

- 自然语言的特性
- 自然语言处理途径
- 自然语言处理层次
- 分词原理
- 信息抽取
- 文本分类系统流程
- 情感分析

6.1 概述

自然语言处理研究如何运用机器学习等技术，通过建立形式化的模型让计算机分析、理解和处理自然语言，从而实现人与计算机之间利用自然语言进行有效通信，简而言之就是让计算机能听懂人的话。自然语言处理是一门融语言学、计算机科学、数学等学科于一体的交叉学科，是人工智能领域研究中的一个极其重要甚至核心的方向。

1949 年,由美国人威弗首先提出了机器翻译的设计方案,这可以认为是最早的自然语言理解方面的研究工作。现如今自然语言处理技术还包括很多方面,如文本分类、文档摘要、信息抽取、语音识别、问答系统等。例如,使用互联网搜索引擎 Google 时,只需在输入框输入几个字母,它就会将可能搜索的字词全部显示出来,这种搜索自动更正和自动完成功能便来自 NLP 的帮助;再如,人们日常生活中非常熟悉的语音助手 Apple Siri、淘宝网的机器人店小二、小度在家、天猫精灵、网页定向广告、邮件过滤、Google Translate、拼写检查等,以上这些功能的实现也都离不开 NLP 的帮助。

严格意义上来说,自然语言处理包括自然语言理解(Natural Language Understanting,NLU)和自然语言生成(Natural Language Generation,NLG)两大核心任务。自然语言理解是希望机器能和人一样,具备正常人的语言理解能力。很显然,自然语言本身的特性决定了机器在语言理解方面的表现远不如人类。自然语言生成则是机器将非语言格式的数据转换成人类能够理解的语言格式,如文本,这可以看作自然语言理解的反向。考虑到自然语言理解是 NLP 的基础,因此本章内容主要涉及自然语言理解部分。

6.2 自然语言

6.2.1 自然语言的特性

自然语言即人类使用的语言,通常指随人类文化天然演化的语言。例如,汉语、英语、日语等都是典型的自然语言。为了帮助读者理解自然语言的特性,此处以计算机使用的程序语言与其进行比较。

1. 非结构化

自然语言是非结构化的语言,而程序语言是结构化的语言。程序语言往往遵循固化的语法结构,如需要进行判断时必然会用到 if,循环结构必然会用到 while 或 for;而自然语言是序列化的,是一串线性的字串,可以随意表达,如用不同的词语表达同样的意思。

2. 词汇量丰富

自然语言词汇量非常丰富。以中文为例,2013 年正式颁布的《通用规范汉字表》共收录8105 个汉字,其中一级常用字集已有 3500 个汉字;《现代汉语常用词表》中收录的使用频率较高的汉语普通话常用词语更是多达 56008 个。然而,程序语言中能使用的保留字(关键字)数量则非常有限,以本书中介绍的 Python 语言为例,其只有 33 个保留字,虽然用户在编写程序时可以自由地为变量、函数取名,但这些名称在编译器看来是没有任何语义信息的,仅仅是用以区分的符号。

3. 二义性

二义性也称歧义性,指的是自然语言中的有些词汇在不同语境中可表示不同的含义。例如,英文单词"glasses"可以表示眼镜,也可以表示几个玻璃杯;又如,中文"他走了一个小时"可以理解为他走路走了一个小时,也可以理解为他离开了一个小时。但编程语言则不能存在二义性,如果程序员写了有歧义的代码,编译器在编译时会报错。

4. 容错性和简略性

自然语言在书写或口头表达时可能会出现一些错误,如错字、标点符号或语法不规范问题,但这并不影响人的理解。但是,程序语言在使用时必须严格遵循语法规范且丝毫不能有拼写错误。有时人们在用自然语言交流时,为了简便会使用一些只有交流双方才能理解的简略词或通用简称来指代,如"老地方""岭师""计科"等,这些词省略了交流双方共有的一些常识,但计算机并没有这些常识。

5. 变化和发展

编程语言的变化和发展相对自然语言更缓慢,一个编程语言从被发明出来,后期即使不断地进行维护和更新,但变化周期都是以年计;而自然语言在发展中可以不断地吸收一些新的词汇,如外来词和现在特别热门的网络词,这种变化是连续性的,几乎时刻都在发生。

正是由于自然语言具有以上诸多不便于计算机理解和处理的特性,因此给自然语言处理带来了许多障碍和困难。

6.2.2　自然语言处理途径

前面提到过,早期的 NLP 尝试是以机器翻译为开端的,但做得不太成功。因为早期大部分自然语言处理系统是基于人工规则的方式,使用规则引擎或者规则系统来实现问答、翻译等功能。及至 20 世纪 90 年代,出现了统计机器学习技术,并且建设了许多优质的语料库,NLP 技术才转为采用统计模型,基于传统机器学习的技术。深度学习对 NLP 领域的影响非常大,它不需要特征工程,可以大大节省这一部分花费的时间。下面分别从以上 3 种途径为读者介绍自然语言处理任务。

1. 基于规则的传统方法

对于早期的自然语言处理,科学家们都陷入了一个误区,他们认为要让机器理解语言,就必须让机器拥有人类一样的智能。要想学好一门外语,就要学习它的词性、语法规则、构词法规则等,这就是基于规则的自然语言处理过程。例如针对一句话,人们可以使用工具构造一棵语法分析树,标出主谓宾,以及词语间的修饰关系,即建立一套转换生成语法,通过规则的分析方法,用有限的、严格的规则来描述无限的语言现象。

显然,这种方法对稍长一点的句子效果较差。首先,要通过文法规则覆盖真实语句,而文法规则的数量动辄数万条;其次,即使能写出涵盖所有自然语言现象的语法规则集合,用计算机对其进行解析也是相当困难的,因为自然语言不像编程语言,自然语言有上下文相关性,并时刻都在发生变化。

2. 基于统计的学习方法

站在哲学的角度,如果把基于规则的方法看作理性主义,那么基于统计的方法则是与其相对的经验主义,它认为人类的智能不是开始于细化的规则集,而是假设大脑中存在某些结构,能从感官输入的信息中组织和产生语言。"统计"是指在语料库上进行的统计。语料通常指在统计自然语言处理中实际上不可能观测到的大规模的语言实例,人们往往简单地用文本作为替代,并把文本中的上下文关系作为现实世界中语言的上下文关系的替代。这些文本的数据量非常大,通常经过整理后,有既定的结构和标识。这些大量的语料可作为例子让机器自动进行学习,并习得其规律,然后将所得规律应用到新的、未知的例子中。基于统计的学习方法实际上就是机器学习的别称。

　　传统机器学习的 NLP 流程如图 6-1 所示,其中最关键的步骤就是特征工程。特征工程即利用数据领域的相关知识将预处理过的语料数据转化为特征的过程。这些特征能很好地描述数据,且利用它们建立的模型在未知数据上的表现性能也可以达到最优。根据不同的用途,文本特征可以通过句法分析、实体/N 元模型/基于词汇的特征、统计特征和词嵌入等方法进行构建。

图 6-1　传统机器学习的 NLP 流程

3. 基于深度学习的方法

　　如果将传统的机器学习中的特征工程用多层感知机替代,尝试自动学习合适的特征及其表征,以及学习多层次的表征及输出,便是基于深度学习的自然语言处理方法。和传统方法相比,深度学习的重要特点就是用向量表示各种级别的元素,用向量表示单词、短语、句子和逻辑表达式,并搭建多层神经网络进行自主学习。深度学习在 NLP 的一些应用领域有显著的效果,如机器翻译、情感分析、问答系统等,但其在 NLP 领域中的基础任务如词性标注、句法分析中表现并不突出。

6.2.3　自然语言处理层次

　　自然语言处理任务的处理对象一般有图像、语音和文本,但无论是图像还是语音,识别后都是先转换为文本再进行处理,所以文本处理是自然语言处理中最重要的一项任务。无论是婴儿牙牙学语还是小学生学习写字,都是按照字、词、句这样的顺序。所以自然语言的处理层次也由下而上分为字词级分析、段落级分析和篇章级分析,如图 6-2 所示。但中文的单个字和英文的单个字母表意能力都很差,所以中文和英文一般是按照词的级别进行处理。既然按词级别进行处理,那么文本分析处理就需要有分词、词性标注、命名实体识别这样的层次进行底层处理。这 3 项工作都是围绕词进行的,所以通常也将其统称为词法分析,具体内容将在后续章节中进一步阐述。

　　进行词法分析之后,文本里包含的信息已经进行了结构化处理,变成了有意义的列表组织形式,并且单词还附有自己的词性以及其他标签。利用这些单词和标签,我们可以抽

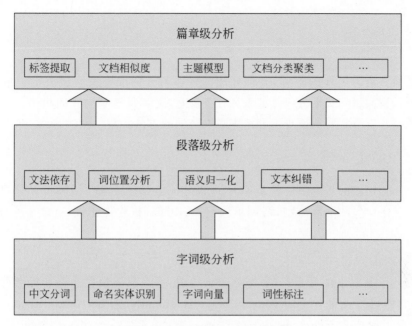

图 6-2　自然语言处理任务的层次

取一些有用的信息，通常是实体、关系、事件等信息，并以一定的框架显示。例如，可以从一个新闻文本中抽取事件发生的时间、地点和关键人物，也可以从一个技术文档中抽取公司名称、产品名称、性能指标等专业术语。信息抽取算法中用到的一些统计信息还可以用于其他自然语言处理任务，无论是在信息检索、问答系统还是情感分析中，信息抽取都有广泛的应用。

　　除了信息抽取之外，还能以文章为单位进行进一步分析，如按照情感极性把微博文本分为正面和负面两类、以邮件是否是垃圾邮件为标准进行整理等。这种把文本文档进行分门别类整理的 NLP 任务就称为文本分类。

　　在底层词处理基础之上对文本进行基于内容的分析与处理的重要手段则是句法分析。句法分析的主要任务是根据给定的语法自动识别句子包含的句法单位以及句子中词汇间的依存关系，其结果通常以句法树的形式表示。句法分析仍属于文本信息处理的基础研究。

　　较之句法分析，语义分析侧重的非语法而是语义，包括词义消歧、语义角色标注、语义依存分析等。这部分内容难度更大，研究资源稀缺，故不在本书讨论范围之内。

　　也许读者更关注自然语言处理在篇章级的应用，目前分词已经有许多很好的工具可以直接应用，无须自行开发。我们只需关注上层应用，用好底层工具，让其产生需要的特征。来进行分类、主题模型、文章建模等比较高层次的应用即可。特别地，如果你是非专业开发人员，且对精度没有特殊要求，目前市场上已有的一些商用工具就可以满足你的需求。

6.3　分词原理

分词是自然语言处理的基础,分词算法的好坏与分词准确度直接决定了后续文本标注、句法分析、词向量和文本分析等一系列任务质量,尤其是基于词频的相关性计算高度依赖分词的质量。本节主要从原理上介绍中英文分词的方法。

6.3.1　英文分词

英文(西语)语言的基本单位就是单词,所以分词相对容易,按以下3个步骤操作即可实现:①根据空格/符号/段落分割,得到单词组;②过滤,排除停止词(stop word);③提取词干。

1. 根据空格/符号/段落分割

英语的句子基本上由标点符号、空格和词构成,那么只要根据空格和标点符号将词语分割成数组即可。例如,"Everyone is good at something, but some people are truly talented."可分割成【"Everyone","is","good","at","something","but","some","people","are","truly","talented"】。

2. 排除停止词

英语中有很多停止词,如 a、an、the、or、are 等使用频率很高的字或词,通常为冠词、介词、副词或连词等。这些词因为使用频率过高,会对基于词频的统计公式产生极大的干扰,所以需要将这类词排除。例如,{"Everyone","is","good","at","something","but","some","people","are","truly","talented"} 排除停止词后,可得到【"people","talented"】。

3. 提取词干

提取词干是西方语言特有的处理,目的就是将数组中的词形还原成最基本的词。英文单词有单数复数的变形、时态的变形,如 girl 和 girls、does 和 done 是同一个词,但在计算相关性时,都应将其当作同一个单词处理;同时,还可以将所有字母的大小写统一。

经过上述3个步骤,一个英文句子基本上就处理完了。英文分词并不复杂,要么利用规则,如正则表达式;要么用映射表,方便用编程实现。但其前提是必须对所处理语言的构词法有深入的了解。

6.3.2　中文分词

和英文分词相似,中文分词指的是使用计算机自动对中文文本进行词语的切分。但是,中文文本是由连续的字序列构成的,词与词之间没有天然的分割符,所以中文分词相对来说困难得多。中文分词算法目前大致可分为词典匹配和机器学习两大类。

（1）词典匹配就是给定一部词典，将待分析文本中的句子拆成字和字组成的不同词放入词典中查找，在词典中进行匹配，并根据不同的算法策略选择与词典中匹配的词作为目标分词。这种方法简单可行，但易产生歧义。例如，"欢迎新老师生前来就餐"按不同的切分方式可以分割为"欢迎/新/老师/生前/来/就餐"或"欢迎/新老/师生/前来/就餐"，这两种分词结果所表达的语义相差极大。

（2）机器学习方法也称统计方法，指的是通过人工标注对中文建模，对准备好的语料进行训练，通过计算不同阶段出现的概率并选出概率最大的情况作为结果来进行分词。这种分词方法虽然能尽量避免分词导致的歧义，但对硬件性能支撑要求较高。

常见的分词使用第一种方法，故本章仅讨论基于词典匹配的分词方法。

在使用词典分词之前，首先需要一个词典。互联网上有许多公开的中文词典可供使用，如清华大学的开放中文词库（THUOCL）、搜狗发布的互联网词库（SogouW）、HanLP 附带的迷你核心词典等。选择好词典后，待分词的句子中可能包含很多词典中的词语，词语之间是互相重叠的，到底输出哪一个还需要由一套规则来决定。但无论哪一种规则，其都是基于完全切分的。

1. 完全切分

完全切分指的是将一段文本中所有单词都找出来，无论这个词在该句中是否是一个词。准确地说，完全切分还不能称为中文分词，因为其没有体现有意义的词语序列。如不考虑效率，则朴素的完全切分算法实现逻辑非常简单，只需遍历文本中所有的连续序列，并查询该序列是否存在于词典中即可。其算法实现的伪码（Python 实现）如下：

```python
def fully_segment(dic, text):
    word_list = []
    for i in range(len(text)):                    # i 从 0 开始遍历，到 text 的最后一个字的下标
        for j in range(i + 1, len(text) + 1):     # j 遍历[i + 1, len(text)]区间
            word = text[i:j]                       # 取出[i:j]区间对应的字符串
            if word in dic:
                word_list.append(word)             # 如在词典中，则认为是一个词
    return word_list
```

2. 最长匹配算法

将"我爱信息学院"这段文本利用上述算法切分后的输出为【'我'，'爱'，'信'，'信息'，'信息学'，'学'，'学院'，'院'】，这显然不是我们需要的结果。在实际研究中，我们需要的是确切词组成的句子，而不是碎片化的链表，为此切分规则必须加以完善。考虑到越长的单词表达的意义越丰富，于是定义单词越长优先级别则越高，即查词过程中优先输出更长的单词，这种规则就是最长匹配算法。根据扫描文本下标的顺序不同，最长匹配算法又分为正向最长匹配、逆向最长匹配和双向最长匹配。

（1）正向最长匹配。采用正向最长匹配时，下标的扫描顺序从前往后，即以某个下标为

起点递增查词的过程中,优先输出最长的单词。以"欢迎新老师生前来就餐"为例,如采用正向最长匹配算法,则输出结果为【欢迎,新,老师,生前,来,就餐】,这显然不是这句话的本意。

(2) 逆向最长匹配。从前往后扫描输出的结果令人不满意,于是有人提出能否采用从后往前扫描的方式,这就是逆向最长匹配。"欢迎新老师生前来就餐"如采用逆向最长匹配算法,则输出结果为【欢,迎新,老,师生,前来,就餐】,这显然也不是这句话的本意。

(3) 双向最长匹配。大量例子实践证明,有时正向最长匹配准确,有时逆向最长匹配表现更优秀,但总体来说逆向匹配成功的次数更多;有时两种方向的匹配都无法消除歧义,如上述例子。那么能不能有一种新的规则将上述两种算法融合呢? 这便是双向最长匹配算法,其规则如下。

① 同时执行正向和逆向最长匹配,若两者词数不同,则返回词少的结果。

② 如若词数相同,则优先返回单字少的结果。

③ 若单字数也相同,则优先返回逆向最长匹配的结果。

运用双向最长匹配规则,上述例子的输出结果为【欢,迎新,老,师生,前来,就餐】。双向最长匹配本质上就是在正向最长匹配和逆向最长匹配中择优选一。可见,这 3 种匹配方法都不能正确表述上述例子,但这种情况在中文分词中并不常见,且基于词典分词的核心价值不在于精度,而在于速度。

中文分词面临的最大挑战就是歧义问题,但还有一个重要的挑战就是未登录词,通俗地讲就是没有收录进词典的词,最常见的就是人名或者一些网友发明的互联网新词。所以,选择一个好的词典是决定中文分词质量的关键,且词典内容必须与时俱进。为了提高中文分词的效率和准确度,在选定公开的词典后,还可以将常见的、唯一的词如地名、人名等单独建立一个词库,分词前先将这些词提取出来再进行分词;还可以针对实际情况建立一个歧义纠正词库,对一些分词结果进行纠正。

6.4 信息抽取

信息抽取(information extraction,IE)又称信息提取,是从大量原始文字数据中抽取有用信息的技术,可以简单理解为从给定文本中抽取诸如时间、地点、人物、事件、数字、日期、专有名词等信息,属于自然语言处理的子领域。与信息抽取相似,人们最为熟悉的一种信息处理应用就是信息检索(Information Retrieve,IR)。信息检索的目的是从特定的网页集合中获取相关的文档,而信息抽取的目的是从文档中获取相关信息,两项技术互为辅助,共同应用于文本信息处理领域。随着互联网上数据的海量增长,越来越多的人投入信息抽取领域的研究工作中。

信息抽取任务非常广泛,本章主要从以下 3 个部分进行介绍:命名实体识别(Named Entity Recognition,NER)、新词抽取和关键词抽取。

6.4.1　命名实体识别

实体可以理解为某一个概念的实例，如"人名"是一种概念，那么"张三"就是一种"人名"实体。文本中有许多描述实体的词汇，如人名、地名、时间、术语等，我们称之为命名实体（Named Entity），这是文本中人们最关注的词汇，是信息抽取任务的焦点。命名实体识别就是将想要获得的实体类型从一句话中挑出来。例如："小新在武汉大学的樱园看到了洁白美丽的樱花。"，通过 NER 模型，可以将"小新""武汉大学""樱园"分别挑出来。

命名实体识别是自然语言处理的一项基础任务，可以分解为实体边界确定和实体类别划分两个子任务，其也是一种以统计为主、规则为辅的任务。一般来讲，命名实体识别的任务就是识别出待处理文本中三大类（实体类、时间类和数字类）、七小类（人名、机构名、地名、时间、日期、货币和百分比）命名实体。当然，具体什么词汇属于命名实体因人而异，用户可以自己定义任务。但无论如何定义，命名实体都具有以下共性。

（1）实体数量规模巨大，以人名为例，每年的新生婴儿命名使得其不断出现新的组合。

（2）构词灵活，组合词太多，很多机构名还出现了嵌套现象。

（3）歧义过多，类别模糊，尤其体现在人名、组织机构名、地名等方面。

1. 基于规则的命名实体识别方法

命名实体识别方法有很多，其中基于规则的方法最古老、最简单，但其在一些语料匮乏的专门领域仍可起作用。以识别组织机构名为例，组织机构名的构成基本上是如下模式：若干地名＋若干其他成分＋若干特征词，其中特征词指的是公司、有限公司、工厂、局这类词汇。

基于规则的命令实体识别方法逻辑如下。

（1）将待处理文本进行分词，此过程中可以排除停用词，并对词性进行标注。

（2）将训练文本中的实体取出来，对每个实体进行分词，取分词结果的最后一个词存入词典，进行去重处理。在这个过程中，可以借助外部词典。

（3）对分词后输出的结果进行标注，根据前述组织机构名的构成模式，将地名、特征词标记出来，其他情况统一标记，这样就可以把输入的句子转为标注序列。

（4）将实体组成规律做成固定模式，只需对标注后的序列进行正则表达式的匹配即可。

通过上述例子，我们了解了命名实体识别也是一种序列标注问题，需要对序列中的每一个元素进行标记，其数据标注方式也遵照序列标注问题的方式。中文命名实体识别、中文分词和词性标注等这些基本的 NLP 任务都属于序列标注的范畴。中文序列标注的方式主要有 BIO 和 BIOES 两种，这里直接介绍 BIOES。明白了 BIOES，BIO 也就掌握了。BIOES 的具体含义如下。

（1）B：Begin，表示开始。

（2）I：Intermediate，表示中间。

（3）E：End，表示结尾。

（4）S：Single，表示单个字符。

（5）O：Other，表示其他，用于标记无关字符。

对"小新在武汉大学的樱园看到了洁白美丽的樱花。"这句话进行标注，结果就是【B-PER,E-PER,O,B-ORG,I-ORG,I-ORG,E-ORG,O,B-LOC,E-LOC,O,O,O,O,O,O,O,O,O】。命名实体识别的过程其实就是根据输入的句子预测其标注序列的过程。

基于规则的方法要人工建立实体识别规则，存在成本开销过大的问题。基于统计的方法则一般需要语料库进行训练，常用的方法有隐马尔可夫模型（Hidden Markov Model，HMM）、条件随机场（Conditional Random Field，CRF）等。HMM 和 CRF 算法很适合用来进行序列标注，并有较好的表现。本章后续内容将介绍 HMM 在序列标注中应用。

2. 基于统计的命名实体识别方法

基于统计的命名实体识别方法对特征选取要求较高，需要从文本中选择对该项任务有影响的各种特征，并将这些特征加入特征向量中。该方法主要通过对训练语料包含的语言信息进行统计和分析，从训练语料中挖掘特征。有关特征可以分为具体的单词特征、上下文特征、词典及词性特征、停用词特征、核心词特征以及语义特征等。基于统计机器学习的方法主要包括 HMM、CRF、最大熵（Maxmium Entropy，ME）、SVM 等。以上 4 种学习方法各有优缺点，如 CRF 为命名实体识别提供了全局最优的标注框架，但存在收敛速度慢、训练时间长的问题；HMM 由于利用维特比算法，因此求解命名实体类别序列效率较高，而 ME 和 SVM 的正确率相较 HMM 更高一些。HMM 更适用于一些对实时性有要求以及像信息检索这样需要处理大量文本的应用，如短文本命名实体识别。下面以 HMM 为例介绍基于统计的命名实体识别方法。

命名实体识别实际上就是为构成命名实体的词语打上标签，标签序列满足某种模式则识别为某种命名实体。基于规则的方式是根据词典的匹配规则确定标签，而这里所阐述的基于统计的方法则根据 HMM 的预测来确定，实际就是给定一个词的序列，找出最可能的标签序列。

基于 HMM 的方法流程如下：首先将待处理文本运用 BIO 方式（参考前述 BIOES 方式）进行序列标注，然后将标注数据输入训练模型中，进行模型参数的学习。HMM 中有 5 个基本元素：$\{N,M,A,B,\pi\}$，这些参数都可以从语料集中统计出来，然后基于模型参数采用维特比算法预测解码，输出的预测结果即为命名实体识别的结果。

6.4.2　抽取新词

新词即词典中没有的词语，也就是未登录词（Out of Vocabulary，OOV）。在实际的项目中，通常采用无监督学习算法解决新词抽取问题。新词抽取的步骤如下：①将大量生语料中的词语（无论新旧）提取出来；②用词典过滤已有的词语，剩下的就是新词。

这种处理过程会出现一个问题：生语料中的单词如何定义？到底什么形式算是一个词，如"不用谢"算一个词还是算"不用＋谢"两个词？这时必须有一个衡量标准。通常词的上下文搭配比较丰富,且内部成分搭配很稳定。计算机可以将满足以上条件的片段筛选出来,并按照出现频次的高低排序,排在前面的那些即出现频率高的就是词语。如果生语料足够大,还可以用词典将筛选出来的词中的旧词过滤,这样得到的就是新词。上下文搭配的丰富程度通常由信息熵来衡量,而内部成分搭配稳定度则可由互信息来衡量。

6.4.3　关键词抽取

关键词,即文章中重要的词语,关键词的抽取也是信息抽取的一项重要应用。但对于是否是文章中重要的词语这个问题,每个用户的态度可能不同,同一篇文章的关键词是什么也是仁者见仁。由于标准不统一,因此很难用监督学习的方法解决问题,大多数关键词提取是采用简单实用的无监督算法,如词频统计、词频-倒排文档频次(Term Frequency-Inverse Document Frequency,TF-IDF)及 TextRank 算法。

1. 词频统计算法

关键词的一大特点就是在文章中会反复出现,据此可以认为词频统计结果中出现频率排在前面的单词很大可能就是文章的关键词。但是,有些助词如"的""得"出现的频率可能相当高,因此在进行词频统计前需要排除停止词。词频统计流程如图 6-3 所示。

图 6-3　词频统计流程

2. TF-IDF 算法

在信息提取的应用场景中,我们往往需要一些文本中的重要的词而不是文本中的所有词语来进行分析,即使原文本已经进行了排除停用词的处理。以中文为例,"的""我们"等词语尽管 TF 很大,但其并不是需要提取的关键词。那么什么样的词算是文本中的关键词呢?一方面,这个词在文本中出现的次数比较多;另一方面,这个词不太常见,若这个词在很多文档中都出现,显然其不能作为成为某个文档的重要词汇。所以,需要对 TF 加一个权重影响因子：IDF。例如,一篇文章中如果出现了"贝叶斯"这个词语,查询语料库,发现现有的 1 亿个网页中有 500 个网页出现了贝叶斯分类,而"的"在 1 亿个网页中都出现了,这时我们希望"贝叶斯"比"的"的 IDF 要大,即权重要大。IDF 的计算公式就能实现这一想要的结果。

TF-IDF 是一种用于信息检索与数据挖掘的常用加权技术。其主要思想是：如果某个词或短语在一篇文章中出现的频率(TF)高,并且在其他文章中很少出现(IDF 值大),则认为此词或者短语具有很好的类别区分能力,适合用来分类。

3. TextRank 算法

TextRank 是一种文本排序算法,是基于网页排序算法 PageRank 改动而来的。TextRank 不仅能进行关键词提取,也能做自动文摘。在介绍 TextRank 前,首先简单介绍

PageRank。

PageRank 用来计算网页重要性,其基本思想是"从许多优质的网页链接过来的网页,必定还是优质网页",以此作为判定网页重要性的依据。对于网页的链接,把该页面指向其他页面的链接定义为正向链接,而将指向该页面的链接定义为反向链接。PageRank 的值,即某个网页的重要度指标,被平均分配到其每一个正向链接上,作为对其他网页的贡献度;而反向链接获得的贡献度则被加入本网页的重要度指标上。若将每一个网页看作一个节点,则网页之间的链接看作节点之间的有向边,网页的重要性取决于链接到它的网页数量以及这些网页的重要度。

进行关键词提取时,TextRank 算法思想和 PageRank 算法类似,不同的是,TextRank 中以词为节点,以共现关系建立节点之间的链接,且 TextRank 中是无向边或者说是双向边。

对文本进行分词,排除停用词或词性筛选等之后,设定窗口长度为 K,即最多只能出现 K 个词,进行窗口滑动,在窗口中共同出现的词之间即可建立无向边。

基于 TextRank 提取关键词的主要步骤如下。

(1) 把待处理文本按照完整句子进行分割。

(2) 对每个句子进行分词和词性标注处理,并排除停用词,只保留指定词性的单词,如名词、动词、形容词等。这些词形成候选关键词。

(3) 构建候选关键词图 $G=(V,E)$,其中 V 为节点集,由步骤(2)生成的候选关键词组成。采用共现关系(co-occurrence)构造任两点之间的边,仅当两个节点对应的词汇在长度为 K 的窗口中共现时,它们之间存在边。

(4) 根据 PageRank 原理中衡量重要性的公式初始化各节点的权重,迭代计算各节点的权重,直至收敛。

(5) 对节点权重进行倒序排序,从而得到最重要的 T 个单词,作为候选关键词。

(6) 由步骤(5)得到最重要的 T 个单词,在原始文本中进行标记,若形成相邻词组,则组合成多词关键词。例如,文本中有句子"Matlab code for plotting ambiguity function",如果"Matlab"和"code"均属于候选关键词,则组合成"Matlab code"加入关键词序列。

6.5　文本分类

文本分类是 NLP 应用领域中最常见也最重要的任务类型,是指对文本按照一定的规则分门别类。例如,需要"把微博文本分为两类",即把微博文本按照情感极性分为"正面"和"负面"两类,这就是比较常见的一种文本分类的应用情况。在自然语言处理领域,大量的任务可以用文本分类方式来解决,如垃圾文本识别、涉黄涉暴文本识别、意图识别、文本匹配、命名实体识别等。分类的"规则"可以人为规定,也可以用算法从有标签数据中自动归纳。一般来说,会首先考虑人为规定,如果不可行,就考虑使用算法。

6.5.1　文本分类系统流程

一个任务能被分类的前提是该任务的输出值为离散值，或者输出值可以转化为离散值。依据该思想，一个文本分类任务系统的工作流程如图 6-4 所示。

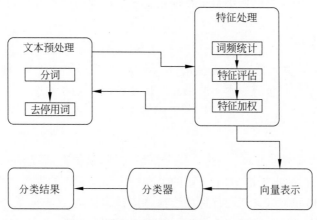

图 6-4　文本分类任务系统的工作流程

文本预处理过程就是提取文本中的关键词来表示文本的过程。将原始语料格式化为统一格式，便于后续的统一处理。文本预处理主要包括文本分词和排除停用词两个阶段，经过文本预处理后得到关键词集合。

特征处理是为了获得学习的特征项集合。在分词之后，通过统计每个词在文本中出现的次数，就可以得到该文本基于词的特征。如果将各个文本样本的这些词与对应的词频放在一起，就是人们常说的向量化。向量化完毕后，一般也会使用 TF-IDF 进行特征的权重修正，再将特征进行标准化。

至此，我们已经完成了文本到向量的转化，此时即可利用分类算法进行分类。

6.5.2　词袋模型

词袋（Bag of Words，BoW）模型是自然语言处理中文档向量化最常用的表示模型，其将文本想象为一个装有词语的袋子，通过袋子中每种词语的计数等统计量将文档表示为向量。该模型忽略了文本的语法和语序等要素，仅将其看作若干个词汇的集合，文档中每个单词的出现都是独立的。BoW 模型使用一组无序的单词（words）表达一段文字或一个文本文档。

下面给出两个简单的文本："我喜欢吃鱼。"和"他喜欢吃鸡。"。基于上述两个文档中出现的词，构造词典如下：

【"我"：1，"喜欢"：2，"吃"：3，"鱼"：4，"他"：5，"鸡"：6】

上面的词典中包含 6 个词，每个词有唯一的索引，那么每个文档就可以用一个 6 维向量来表示，如下：

$(1,2,2,1,0,0)$和$(0,2,2,0,1,1)$

(1) 向量的维度根据词典中不重复词的个数确定。

(2) 向量中每个元素的顺序与原来文本中单词出现的顺序无关,与词典中的顺序一一对应。

(3) 向量中每个数字是词典中每个单词在文本中出现的频率,即词频表示。

6.5.3　分类器

文本分类中的分类器常用的方法有 KNN、朴素贝叶斯、SVM、神经网络、决策树、Rocchio、线性最小平方拟合等。本小节只介绍性能比较好的 4 个分类器: KNN、朴素贝叶斯、Rocchio 和 SVM。

1. KNN

KNN 分类器的基本思想如下:给定一个测试文档,系统在训练集中查找离它最近(最相似)的 K 个文档,然后根据这 K 个文档的类别判定测试文档的类别。其具体步骤如下。

(1) 对训练文档和测试文档进行特征选择,将它们表示成文本向量。

(2) 在训练集中选出与测试文档最相似的 K 个文本。

(3) 在计算得到的 K 个最近邻文档中依次计算每类的权重。

(4) 比较类的权重,将文本分到权重最大的那一类。

2. 朴素贝叶斯

朴素贝叶斯分类器的基本思想如下:利用特征项和类别的联合概率来估计给定文档的类别概率;同时,假设文本是基于词的一元模型,即词与词之间是独立的。根据贝叶斯公式,文档 D 属于C_j 类的概率为

$$P(C_j \mid D) = P(D \mid C_j) \times P(C_j) / P(D)$$

又因 $P(D|C_j) = P(D(t_1)|C_j) \times \cdots \times P(D(t_n)|C_j)$,$P(D)$ 是个常数,$P(C_j) = N(C_j)/N$,故此处存在问题:如某个类别中某一特征分量中不存在这个特征值,即出现$P(D(t_i)|C_j)=0$ 的情况,此时其他特征分量就算再符合这个分类的特征,也会造成最终计算的概率为 0,这显然是不合理的。

因此引入拉普拉斯平滑系数来避免出现概率为 0 的情况。方法如下:

将 $P(D(t_i)|C_j)$ 更改为

$$P(D(t_i) \mid C_j) = (N(t_i, C_j) + 1) / (N(C_j) + M)$$

其中 $N(C_j)$ 表示训练文本中属于 C_j 类的文本数量,N 为训练文本集总数量,$N(t_i, C_j)$ 表示类别 C_j 中包含特征 t_i 的训练文本数量,M 表示训练文本集中特征项的总个数。

只要计算出所有类别的 $P(C_j|D)$,然后找出最大值,该文档就属于那一类。

3. Rocchio

Rocchio 分类器的基本思想如下:首先为每一个训练文本 D 建立一个特征向量,然后使用训练文本的特征向量为每个类建立一个原型向量。当给定一个待分类文本时,计算待

分类文本与各个类别的原型向量之间的距离，其距离可以是向量点积、向量之间夹角的余弦值或其他函数，根据计算出来的距离值决定待分类文本属于哪一类别。该原型向量的计算方法有几种，其中最简单的就是把该类的所有文本的特征向量求平均值。Rocchio 分类器的效果仅次于 KNN 和 SVM。

4. SVM

SVM 分类器的基本思想如下：在向量空间中找到一个决策平面，该平面能最好地分割两个分类中的数据点。

6.6 情感分析

情感分析又称为意见挖掘（Opinion Mining）、倾向性分析，简而言之就是对带有主观感情色彩的书面文本或口头语进行分析、处理，并构建一个系统，从中自动识别和提取观点。机器若要分析和理解情感，首先需要获取人类的情感资源，学习如何识别情感。情感资源最大的来源便是社交媒体，人类每天在社交媒体上进行各种活动，如聊天、购物、社区生活等，会生产出数以 EB 计的庞大数据量，而情感分析则成为理解这些数据的关键技术工具。情感分析的实际应用有很多，如可以利用互联网如评论网站、各类论坛、博客和社交媒体获得大量公开的表达意见或观点的文本，利用情感分析系统，将这些非结构化的信息自动转化为结构化的数据，如获取关于品牌、服务、产品质量等方面的意见，通常这些意见或主题具有相当高的商业价值，可服务于企业的生产营销战略；又如，情感分析可用于识别社交媒体中的关键信息，以便在特定情景中实时提供一些态势感知，从而对可能爆发的公关危机事件进行预警并采取行动。

当然，除识别观点外，情感分析还可能用于提取描述的以下一些特征，如：

（1）极性：发言者表达积极或消极的意见。

（2）主题：正在谈论的事情。

（3）意见持有人：表达意见的个人或实体。

6.6.1 观点概述

既然情感分析是为了识别和提取观点，那么在正式介绍情感分析之前，首先了解什么是"观点"。观点是从一定的立场或角度出发，对事物或问题所持的看法。从社交媒体上获取的文本资源大致可分为两种主要类型：事实和意见。其中，事实是关于某事物的客观表达；而意见通常是主观表达，描述人们对事物的情绪、判断和感受。情感分析其实可以建模为前面所说的分类问题，这里有两个层面的问题需要解决：①文本是主观还是客观？②对句子进行极性分类，观点是正面、负面还是中立？

大多数情况下，文本中讨论的可以是某个对象的一部分属性或特征，也可以是产品、服务、个人、组织、事件或主题。例如，"这款手机的分辨率足够了。"，这就是一个关于产品（手机)的特征(分辨率)的正面评价,"这款手机一点儿也不好用。",这就是一个关于产品的负面评价。

观点分为两类:直接性的和比较性的。直接性观点是直接对实体提出的意见,如上述"这款手机一点儿也不好用。",该直接意见陈述了对手机的负面看法;而比较性观点则是通过比较实体与另一实体来表达的意见,如"手机 A 的拍照效果比手机 B 好很多。",使用比较性观点时通常会用形容词或副词比较级或最高级形式表达两个或更多个实体之间的相似性或差异。

此外,观点还有明确与含蓄之分。关于主题的明确观点,是在主观句子中明确表达的意见,如"快递送货非常快"。而对某一主题的含蓄观点,是客观句中隐含的意见,如"下单后第二天就收到货了"。虽然该表达中没有用到明显的表达快递非常快的词,但确实称赞了快递很快。据统计,情感表达中有 20%～30%是没有用到情感词的,属于隐晦的情感。在隐含的意见中,我们还可用到隐喻,这些隐喻可能是最难分析的观点类型,因为它们包含大量的语义信息。例如,"黄河是中华民族的母亲河。",这就是一种比喻,这种比喻包含很多赞赏的成分。将这种情感和观点挖掘出来,就需要用到许多外部的知识,如隐式情感语料库、隐喻语料库等。

6.6.2　情感分析的范围和类型

情感分析任务按其分析的粒度不同可用于不同级别的范围,分别是篇章级、句子级、词或短语级。其中,篇章级是通过完整的文档段落来获取情绪,句子级是通过单句获得情绪,词或短语级是指获得词或短语表达的情感。

情感分析按其研究的任务类型,可分为专注于极性的情感分类、情感检索和情感抽取等子问题。

1. 情感分类

情感分类又称情感倾向性分析,是指对给定的文本,识别其中主观性文本的倾向是肯定还是否定的,或者说是正面还是负面的,是情感分析领域研究最多的。有时我们可能想更加准确地了解意见的极性水平,可以考虑使用以下类别:非常积极、积极、中性、消极、非常消极。这通常称为细粒度情感分析。其中常见的一种情况是:对购买的商品进行评论时,可以把这 5 种类别映射到 5 星评级,如非常正＝5 星和非常负＝1 星。

2. 情感检索

情感检索是从海量文本中查询观点信息,然后根据主题相关度和观点倾向性对结果进行排序。由于情感检索的结果要同时满足主题相关和情感倾向两个条件,因此其是比情感分类更为复杂的任务,已成为搜索技术中一个新的研究热点。

目前情感检索的实现方法主要有两种:①按传统信息检索模型进行主题相关的文档检索,对检索结果进行情感分类;②同时计算主题相关值和情感倾向值进行检索。第一种方法一般使用传统的检索模型以及较为成熟的查询扩展技术,然后用情感分类方法进行倾向性计算；第二种方法则是同时考虑主题相关和情感文档排序，选择排序策略时需要同时兼顾。

3．情感抽取

情感抽取是指抽取情感文本中有价值的情感信息，判断一个单词或词组在情感表达中扮演的角色，包括情感表达者识别、评价对象识别、情感观点词识别等任务。情感表达者识别又称观点持有者抽取，其是观点、评论的隶属者。在社交媒体和产品评论中，观点持有者通常是文本的作者或者评论员，其登录账号是可见的，观点持有者抽取比较简单；而对于新闻文章和其他一些表达观点的任务或者组织显式地出现在文档中时，则观点持有者一般由机构名或人名组成，所以可采用命名实体识别方法进行抽取。

6.6.3　实现情感分析的方法

实现情感分析的方法有很多种，主要可分为基于规则的方法、自动系统和混合系统3 类。

1．基于规则的方法

基于规则的方法指基于一组手动制定的规则执行情绪分析，通过脚本定义的一组规则，识别主观性、极性或意见主体。一个基于规则的情感分析的简单例子如下：首先定义两个极化词列表（如差、最差、丑陋等负面词和好、最佳、美丽等正面词）；然后给出一个文本，计算文本中出现的积极词数和消极词数。如果积极单词出现的数量大于消极单词出现的数量，则返回正面情绪；相反，返回负面情绪；否则，返回中立。该系统非常简单，因为其没有考虑单词在序列中的组合，如果需要进行更高级的处理，则可能需要添加新的规则、表达式和词汇表。

2．自动系统

自动系统不依赖于人工制定的规则，而是依赖于机器学习。情感分析任务通常被建模为分类问题，将文本输入分类器，并返回相应的类别，如正、负或中性。具体的文本分类方法在前述章节中已详细介绍，此处不再赘述。

3．混合系统

混合系统即结合了基于规则和自动系统优点的系统。

6.6.4　情感分析的基本流程

情感分析的基本流程如图 6-5 所示，包括从原始文本爬取、文本预处理、语料库和情感词库构建以及情感分析结果等。

以情感分类为例，可以使用爬虫通过互联网爬取大量的文本数据作为训练的数据模型。先对待分析的原始文本进行预处理。第一步进行文本清理，这一步骤将文本中无效的字符，如网址、图片地址、空字符、乱码等去除。第二步进行文本字符的标准化，即将文本中

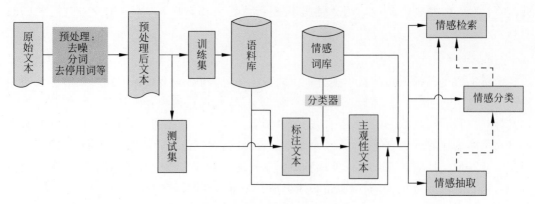

图 6-5　情感分析的基本流程

不同形式的字符统一化，如大小写、数字、日期格式、计量单位、标点符号等。第三步识别文本中的错误并纠正，如拼写错误、词法错误、句法错误和语义错误等。第四步对文本进行分词和去停用词等操作。

预处理后，选择一些词作为极性词，用以训练模型。选择极性词的方法可参考 TF-IDF方法。因为训练和处理的文本相对较短，DF 和 TF 值大致相同，所以用一个 TF 值即可。

极性判断其实是一个复杂的三分类问题，为了简化该分类问题，可以先对语料进行主、客观判断。客观语料原则上属于中性语料，只有主观语料才具备正、负极性。这样就把这个复杂的三分类问题简化成了两个层次上的二分类问题。然后选择合适的分类器，对输入语料进行正、负极性判断。

本章小结

本章介绍了自然语言和自然语言处理的相关概念，以及自然语言处理的途径和层次，着重介绍了自然语言技术范畴中的分词、信息抽取、文本分类、情感分析这 4 种典型任务。

本章主要以简述原理为主，并未涉及复杂的算法描述与计算公式，希望读者能通过本章的学习，对自然语言处理有一个高度概括的感性认识。当然，实际的工程项目应用是非常复杂的，这需要读者进一步去探索。

习题

1. 词向量的特点是什么？在 NLP 领域有什么价值？
2. 简述中文分词的原理。
3. 列举 4 个以上自然语言处理的典型应用。

第 7 章

伦理素养：科学反思

 **本章导读**

　　伦理是处理人与人之间关系、人与社会之间关系的道理和秩序规范。人类历史上，重大的科技发展往往带来生产力、生产关系及上层建筑的显著变化，成为划分时代的一项重要标准，也带来对社会伦理的深刻反思。人类社会于 20 世纪中后期进入信息时代后，信息技术伦理逐渐引起了人们广泛的关注和研究，包括个人信息泄露、信息鸿沟、信息茧房、新型权力结构规制不足等。信息技术的高速变革发展，使得人类社会迅速迈向智能时代，其突出表现在带有认知、预测和决策功能的人工智能算法被日益广泛地应用在社会各个场景之中；前沿信息技术的综合运用，正逐渐发展形成一个万物可互联、万物可计算的新型硬件和数据资源网络，能够提供海量多源异构数据供人工智能算法分析处理；人工智能算法可直接控制物理设备，也可为个人决策、群体决策乃至国家决策提供辅助支撑；人工智能可以运用于智慧家居、智慧交通、智慧医疗、智慧工厂、智慧农业、智慧金融等众多场景，还可能被用于武器和军事之中。然而，迈向智能时代的过程如此迅速，使得人们在传统的信息技术伦理秩序尚未建立完成的情况下，又迫切需要应对更加富有挑战性的人工智能伦理问题，积极构建智能社会的秩序。

　　现阶段人工智能既承继了之前信息技术的伦理问题，又因为深度学习等一些人工智能算法的不透明性、难解释性、自适应性、运用广泛等特征而具有新的特点，可能给基本人权、社会秩序、国家安全等诸多方面带来一系列伦理风险。

 **本章要点**

- 人工智能伦理问题
- 人工智能的伦理原则
- 人工智能的伦理治理

7.1　人工智能伦理问题

　　机遇与挑战并存，人工智能发展在取得巨大成就的同时，也面临着严峻的伦理挑战。从人与技术的关系来说，人工智能在一定程度上威胁着人的主体性。控制论之父维纳就曾预言："这些机器的趋势是要在所有层面上取代人类，而非只是用机器能源和力量取代人类的能源和力量。"人工智能与一般人造物存在巨大不同,它不是单纯延伸人的体力的机械物。人工智能模拟的对象是人的大脑和思维方式,而人作为思维主体,是人之所以为人的本质所在。基于人工智能的特殊性,许多人担心一旦人工智能发展到某个临界点,如果诞生强人工智能,它就可能颠覆人的主体地位,彻底压倒人类。从技术与社会的关系来看,如何有效控制技术力量的消极作用是社会发展过程中日益凸显的难题。人工智能在给人类带来巨大利益的同时,也产生了诸多社会性问题。例如,企业可以借助人工智能收集大量用户数据,并基于此了解目标对象的偏好和行为倾向,这造成了巨大的权利不对称。人工智能在推动专业化分工和创造新工作机会之余,会使得那些没有能力迈过技术性壁垒的人成为"无用阶级"。人工智能在一些情境中还可以导致法律责任的归属成为难题。

7.1.1　自动驾驶的责任归属

自动驾驶是目前人工智能非常典型且引人注目的应用领域之一。自动驾驶通过导航系统、传感器系统、智能感知算法、车辆控制系统等智能技术,实现了自主无人驾驶,包括无人驾驶汽车、无人驾驶飞机、无人驾驶船舶等。

自动驾驶是一种"新事物",其可能产生的经济和社会效益十分显著。以无人驾驶汽车为例,无人驾驶汽车的安全系数更高,据世界卫生组织提供的数据,目前全世界每年都会发生大量车祸,造成120多万人死亡,而大多数车祸是由于司机的驾驶过错所致,而自动驾驶更"冷静"、更"专注"、不易疲劳,这或许可以拯救许多人的生命;对于没有能力驾车的老年人、残疾人等,无人驾驶能够提供巨大的便利,在相当程度上重塑他们的生活轨迹。此外,以大数据为基础的自主无人驾驶还可以通过自动选择行驶路线,让更多人"分享"乘用,实现更少拥堵、更少污染、提高乘用效率等目的。当然,自动驾驶也并非"尽善尽美",如不可能完全不产生污染、不可能消灭城市拥堵、不可能彻底杜绝安全事故等。在无人驾驶领域充当急先锋的特斯拉公司已经报告了多起事故。2016年5月7日,美国佛罗里达州一辆特斯拉电动汽车在"自动驾驶"模式下与一辆大货车尾部的拖车相撞,导致特斯拉电动汽车司机不幸身亡。虽然无人驾驶汽车导致的事故率相较普通汽车低,但事故隐患的存在仍然令人心怀忧虑。

自动驾驶本身难以破解既有的道德难题,同时还导致或强化了一些恼人的"道德二难"。有人设想了这样一个场景:一辆载满乘客的无人驾驶汽车正在高速行驶,突遇一位行动不便的孕妇横穿马路。这时,如果紧急刹车,可能造成翻车而伤及乘客;但如果不紧急刹车,则可能撞倒孕妇。无人驾驶汽车应该怎么做呢?如果司机是自然人,这时完全取决于司机的经验,特别是当时本能的直觉或判断。可当自动驾驶陷入人类"伦理困境"的极端情形时,由于其行为是通过算法预先设定的,而事先的编程受制于功利论和义务论之争,根本就没有给予类似的设定,因此只能从大数据库中选取相似的案例进行类推。如果遇到的是完全陌生的情形,就只能随机选择一种方案。众所周知,未知的领域总是无限大的,不可能将所有可能性都设想到,陌生的情形无论如何都难以避免,那么应该基于什么伦理原则对自动驾驶进行规范呢?

我们对问题进一步思考会发现，自动驾驶颠覆了传统的人车关系以及不同车辆之间的关系，突出了价值评价、选择中的一系列伦理难题。例如，自动驾驶颠覆了传统驾驶的伦理责任体系，令以驾驶员的过错责任为基础建立的"风险分配责任体系"陷入了困境。因为在自动驾驶导致的交通事故中，归责事由只有结果的"对与错"，既不存在驾驶员主观上的"故意"，也不存在驾驶员酒后驾驶、疲劳驾驶、情绪驾驶等"过错"。又如，道德和法律规范的对象也变得复杂、难以确定。假如无人驾驶汽车在行驶中发生交通事故，造成了一定的生命、财产损失，那么应该由谁来承担相应的道德和法律责任呢？是无人驾驶汽车的设计者、制造者还是使用者，抑或是无人驾驶汽车自身？或者更尖锐地，智能系统本身是否可以作为道德、法律主体，承担相应的道德或法律责任呢？如果承认其主体地位，它又如何"承担"这种责任呢？

7.1.2　人机婚恋家庭伦理

近年来，关于人工智能进军婚恋家庭服务领域的新闻此起彼伏，令人们敏感、脆弱的神经备受冲击。人工智能正在影响传统的家庭结构和伦理关系，对既有的伦理原则、道德规范和伦理秩序构成了巨大冲击。

人形智能机器人的研制是人工智能的一个重点领域，也是最困难、要求最严苛的一个领域。基本的技术趋势是，人形智能机器人将越来越像人，越来越"善解人意"，也越来越"多愁善感"。借助虚拟智能技术，它们能够做的事情更是可能突破既有的限度。一些乐观的专家预测，到 2050 年，人形智能机器人将变得和"真人"一样，令人难以区分。也就是说，人形智能机器人可能拥有精致的五官、光洁的皮肤、健美的身材、温柔的性格……"凡人所具有的，人形智能机器人都具有"。

当人形智能机器人取得实质性突破，具有了自主意识，拥有类似人类的情绪、情感，堂而皇之地出现在人们的生活里，当他们以保姆、宠物、情人、伴侣、甚至孩子的身份进入家庭，成为人们生活中、甚至家庭中的新成员，久而久之，人与智能机器人之间是否会产生各种各样的感情？是否会产生各种各样的利益纠葛？是否会对既有的家庭关系等造成某种冲击？特别是，人们订制的个性化机器人"伴侣"，"她"是那么的美丽、温柔、贤淑、勤劳、体贴，"他"是那么的健壮、豪爽、大方、知识渊博、善解人意，人们是否会考虑与它登记结婚，组成一个别致的"新式家庭"？这样反传统的婚姻会对既有的家庭结构造成怎样的颠覆？是否能够得到人们的宽容和理解，法律上是否可能予以承认？

人形智能机器人走进社会的速度超出人们的想象。2017 年 10 月 25 日，沙特阿拉伯第一个"吃螃蟹"，授予汉森机器人公司（Hanson Robotics）研发的人形机器人索菲娅（Sophia）以公民身份。人形智能机器人的身份突破，以及不断超越既有限度的所作所为，正在对传统的人伦关系、婚恋观念、家庭结构等提出严峻的挑战。例如，在科幻电影《她》中，作家西奥多和名字叫萨曼莎的智能操作系统就擦出了爱情的火花。只不过，西奥多发现，萨曼莎同时与许多用户产生了爱情。原来，萨曼莎的爱情观不是排他性的，它们所理解的爱情与人类根本不是一回事！由于身体构造、生活方式、文化价值观和思维方式的差异，人形智能机器人与人之间的关系将成为一个新问题,相互之间的利益、情感纠葛将会越来越频繁,越来越难以在传统的伦理观念和社会治理框架内加以解决。

7.1.3　智能机器"人替"伦理困境

人工智能的发展、智能机器人的大规模应用,既极大地提高了生产效率,推动了社会生产力的发展,又导致了人伦关系和社会结构的变化,导致人与智能机器的关系成为一个新的课题。

人工智能是迄今最先进、最复杂、进化速度也最快的高新科技,其根本就不在普通大众的掌握之中。例如,在当今世界,科技、经济以及人们的素质和能力的不平衡,导致不同民族、国家、地区、企业等的信息化、智能化水平,非常不均衡,数字鸿沟已经是毋庸置疑的事实。具体地说,不同国家、地区的不同人接触人工智能的机会是不均等的,使用人工智能产品的能力是不平等的,与人工智能相融合的程度是不同的,由此产生了收入的不平等、地位的不平等以及未来预期的不平等。这一切与既有的地区差距、城乡差异、贫富分化等叠加在一起,催生了越来越多的"数字穷困地区"和"数字穷人",甚至导致数字鸿沟被越掘越宽。

随着人工智能的广泛应用,社会智能化程度获得前所未有的提升,智能机器可能异化为束缚人、排斥人的工具。例如,在高度自动化、智能化的生产流水线、智能机器人等面前,普通大众受限于自己的知识和技能,难免显得既"呆"又"笨",不仅难以理解和主导生产过程,有时即使辅助性地参与进来也存在障碍。即使有些人具有一定的知识和技术,通过了复杂的岗位培训,可能也只能掌握智能机器原理和操作技术的很小一部分。

随着生产的智能化,产业结构不断调整、升级,受利润所驱使的资本越来越倾向于雇佣"智能机器人",结构性失业凸显为日益严重的社会问题。拥有甚至超越人类某些部分智能的机器正在替代人类从事那些脏、累、重复、单调的工作,或者有毒、有害、危险环境中的工作;而且,正在尝试那些曾经认为专属于人类的工作,如做手术、上课、翻译、断案、写诗、画画、作曲、弹琴等。由于智能机器人可以无限地创造和复制,加之工作时间长,比人更加"专注",更加"勤劳",更加"任劳任怨",可以胜任更加复杂、烦琐、沉重的工作,生产效率更高,因此能够"占领"越来越多的工作岗位,结构性失业潮可能随着生产的智能化和产业的转型升级汹涌而至。

一些文化、科技素质较差的普通劳动者可能连培训的资格和工作的机会都难以获得,甚至在相当程度上失去劳动的价值,只能被边缘化,甚至被社会抛弃。美国著名社会学家曼纽尔·卡斯特(Manuel Castells)指出:"现在世界大多数人都与全球体系的逻辑毫无干系,这比被剥削更糟。我说过总有一天我们会怀念过去被剥削的好时光。因为至少剥削是一种社会关系。我为你工作,你剥削我,我很可能恨你,但我需要你,你需要我,所以你才剥削我。这与说'我不需要你'截然不同。"这种微妙的不同被曼纽尔·卡斯特描述为"信息化资本主义黑洞":在"资本的逻辑"运行框架中,"数字穷人"处于全球化的经济或社会体系之外,没有企业之类的组织愿意雇佣他。"数字穷人"成了"多余的人",他们被高度发达的智能社会无情地抛弃,他们的存在也随之变得没有意义、荒谬化。

7.1.4 虚拟智能技术的伦理后果

"虚拟"是人的意识的功能之一，但人的意识的"虚拟"存在自身的局限性，如人脑能够存储的信息量有限，信息处理速度有限，思维的发散性有限，人与人之间"虚拟"镜像的交流比较困难，等等。符号、语言、文字、沙盘等技术都在不同程度上外化了人的意识中的"虚拟"功能，但"虚拟现实"却是现代信息技术，特别是虚拟技术发展的产物，智能技术的突破更是将虚拟拓展到了一个崭新的阶段。利用智能技术，机器能够自发地将人的语言、手势、表情等转化为机器指令，并依据这种已"读懂"的指令，通过"逻辑思维"和"类形象思维"进行判断，在此基础之上的"虚拟技术"能够令人身处"灵境"之中，产生身临其境的交互式感觉。

虚拟现实可能带给人们神奇的虚拟体验。一个人甚至可以选择在身体和精神方面成为一个不同的人，这在过去是难以想象的。但这也可能导致一些新颖的伦理问题。人工智能医生可以基于医疗大数据，通过远程医疗方式进行诊断，甚至操控微型智能机器人钻进人的身体，在患者身上准确地实施各种专家手术。与此同时，传统医患之间那种特别的心理感觉（如无条件的信任、无助时的托付感、温情的安慰等）往往荡然无存，医患心理上甚至可能形成一定的隔阂。智能秘书、教师、保姆、护理员等也可能导致类似的问题。

在一些虚拟的电子游戏中充斥着无视道德底线的色情、暴力等。例如，在一些暴力性游戏中，人们为了"生存"或者"获胜"，必须千方百计获取致命性的智能武器，肆无忌惮地进行伤害和杀戮，但在虚拟的电子时空，却根本感觉不到其中的血腥、残酷与非人性。因为没有面对面的愤怒对峙，没有物理意义上的肢体冲突，看不见对手的痛苦表情；此外，似乎也没有造成物理上的损害，游戏者往往不会产生任何犯错的意识和愧疚感。久而久之，这难免助长人的"精神麻木症"，影响个体人格的健康发展，甚至令人泯灭道德感，忽视甚至拒绝承担道德责任。

人们越来越多地生活在三维的电子空间里，终日与各种智能终端打交道，智能设备就像人自身的身体器官，人们越来越多地借助它、依赖它，或者说，离开了它感觉难以正常地学习、工作和生活。这种虚实一体的虚拟生活充满了不可靠、不真实的幻象，令人难免产生荒诞、无聊的感觉。有些人特别是年轻人过度沉溺于此，觉得虚拟世界才是真实、可亲近的，而现实社会既落后又"麻烦"，现实社会中的人既"没有意思"又虚伪狡诈，从而变得日益孤僻、冷漠和厌世，产生人际交往、沟通的各种新障碍……有人感叹，虚拟交往既使人从来没有如此的接近，同时又令人觉得一切都是那么遥远；那种接近可能仅仅只是夸张的利益一致或趣味相投，那种遥远则可能是心灵之间亲密沟通的遥不可及。

虚拟智能技术还在不断尝试突破，应用前景不可限量。虽然任何虚拟都具有一定的现实基础，但是当意识虚拟被技术外化时，人所面对的是一个"虚拟"与"现实"交错、"现实性"与"可能性"交织的奇妙世界。虽然智能化的虚拟确实拓展了人们的生存与活动空间，提供了各种新的机会和体验，但同时传统的道德观和道德情感正在被愚弄，伦理责任与道德规范正在被消解，社会伦理秩序濒临瓦解的危险。

7.1.5　脑机接口技术

2020 年 8 月 29 日,埃隆·马斯克(Elon Musk)在加州弗里蒙特举行了一场发布会,正式向全世界展示了自己的脑机科学公司 Neuralink 对猪进行脑机接口(Brain Computer Interface,BCI)技术的成果。该芯片可以实时监测到小猪的脑电信号,但遗憾的是我们仍无法知道小猪在想什么。这项技术所揭示的未来非常令人期待,因此这则报道迅速轰动世界也是人们内心偏好的真实反映,它重新激发了人们对于脑机接口技术的热情。

通俗来说,脑机接口就是在人脑(或动物)与外部设备之间建立直接的联系,由此形成信号的接收与发送,并实现相应的功能。按照脑机接入的方式不同,脑机接口可以分为两类:侵入式脑机接口(马斯克这次演示的就属于此类)与非侵入式脑机接口。前者的优点在于获得的脑电信号更好,便于分析与处理;而后者收集到的信号质量较差,容易受到噪声干扰。因此,侵入式脑机接口是目前国际学术研究的前沿。脑机接口已经实实在在地出现在我们的面前,随着植入头脑的各类芯片与传感器的日益微型化、功能集成化,加上近年来人类对大脑功能了解的深入、脑机融合的日趋完善、创口的微小化以及电池功能的增强,脑机接口技术取得重大突破绝非幻想,而是一种可以预见得到的发展趋势。

人们之所以对脑机接口技术的发展趋势持乐观态度,是因为社会上对于脑机接口技术有着巨大的市场需求,其所拥有的潜在商业价值是推动该项技术发展的重要推手。仅就目前可以想象得到的应用来看,脑机接口市场前景广阔,下述 3 种情形是最有可能优先发展的领域:①如果该项技术成熟,那么日益困扰老年人的老年痴呆症现象将得到极大缓解;②修复残疾患者的大脑缺陷,从而实现部分身体功能的恢复,以及可以实现治疗抑郁等精神疾病;③更有甚者,可以实现神经增强功能,如大脑的计算速度与记忆能力都是远超人类的,如果未来植入的芯片可与大脑更好地兼容,那么人类的计算速度与记忆能力都将得到根本性的改变,制造超人不再是梦想。上述 3 种情形在科学上几乎都有成功案例。例如,对残疾人来说,通过意念实现部分身体功能这类实验成功的很多,如已经被广泛采用的脑深部电刺激技术,即大名鼎鼎的"脑起搏器",其原理就是通过植入脑部的电极向大脑的特定部位发送电脉冲。这一技术主要用于治疗帕金森病和强迫性精神障碍等疾病,已经被美国食品药品监督管理局批准。

美国著名的视觉脑机接口专家都博勒(Dobelle,1941—2004)的皮层视觉脑机接口主要用于后天失明的病人。1978 年,都博勒在一位男性盲人杰瑞(Jerry)的视觉皮层植入了 68 个电极阵列,并成功制造了光幻视(Phosphene)。植入电极阵列后,该患者能看到清晰度以及更新率较低的图像。如果说都博勒的工作是 40 年前技术的体现,那么现在这方面的研究也有了最新进展,失明患者看到的视野比以前要好许多。因此,有理由预测,随着一些关键难题的突破,视觉脑机接口将惠及更多的失明患者。还有科学家把人造海马体植入因海马体受损而丧失记忆形成功能的老鼠脑中,并成功让老鼠恢复了部分记忆形成功能(伯杰等人)。基于上述案例,我们大体上可以清晰判断出脑机接口技术正在向日常生活领域扩散,一旦有技术上的突破,这种趋势将无可逆转。

　　问题是脑机接口技术虽然具有如此广阔的应用前景，但也不可避免地带来某些人类从来没有遭遇过的伦理困境。对此，瑞典数学家奥勒·哈格斯特姆曾指出，脑机接口技术带来的两种常见的伦理问题是隐私和认知能力的"军备竞赛"。隐私问题已经成为高科技时代具有普遍性的伦理困境，每一次技术升级都会导致隐私状态随之发生改变，从人类历史上看，从农业社会、工业社会到后工业社会，人类的隐私范围是逐渐缩小的。总体而言，技术进步导致公共领域扩张，而私人领域日益被技术侵蚀，隐私也随之变小，人变成了透明人，隐私的消失也就意味着个人自由的萎缩。对于脑机接口技术而言，这种情况尤为紧迫。一旦可以通过大脑植入设备轻易获取人们大脑内的电信号，其内容可以完全被破译出来，就会导致很多个人或机构想要获取这些信息，从而利用这些信息实施对人们基于特殊目的的操控，如商家的促销、管理者对雇员的监视等。这种过程是渐进的，在"温水煮青蛙"效应中，人类的隐私一点点失去，我们不知道这是否就是人类为技术进步所必须付出的代价。上述担忧绝非杞人忧天，据资料介绍，1999 年斯坦利［Stanley，现在埃默里大学（Emory University）任职］教授在哈佛大学通过解码猫的丘脑外侧膝状体内的神经元放电信息来重建视觉图像。他们记录了 177 个神经元的脉冲列，使用滤波方法重建了向猫播放的 8 段视频，从重建结果中可以看到可辨认的物体和场景。同理，利用这套技术也可以重建人类的视觉内容。看到这类实验，你还认为脑机接口所引发的隐私问题很遥远吗？更何况遥远并不意味着不可能。

　　再来看由脑机接口带来的认知能力的"军备竞赛"问题。由于计算机在精确计算、数据传输与记忆方面比人类的表现强很多，因此随着技术的发展与完善，总会有一些人尝试在大脑中植入芯片，使自己的能力与计算机的能力进行整合，这将造就认知超人。试想，正常人再怎么努力也无法达到计算机所具有的记忆能力，这种事情一旦开始就无法停下来，从而陷入"军备竞赛"的游戏框架下，因为没有人敢于停下来，否则他将被淘汰。问题是这种神经增强完全打破了人类由自然选择以来所形成的所有关于公平的规范，此时优秀将不再是对人能力的褒奖，而是对其植入大脑设备的褒奖。那么人类的价值又何在呢？也许影响更为深远的是，脑机接口技术的"军备竞赛"式滥用，还会造成整个社会分层的固化，毕竟任何新技术在早期都是昂贵的，其最初的使用者大多是有钱有势者。这种现实决定了脑机接口技术会更深层次地造成社会的固化，从而使社会秩序遭到毁灭性的破坏。

　　以脑机接口技术为标志的人工智能发展引发出一系列我们目前尚无法完全预料到的后果，事关人类的未来，因此必须从伦理层面对其发展进行有目的的约束。2020 年上半年，美国五角大楼正式公布人工智能的五大伦理原则，即负责、公平、可追踪、可靠和可控。这个说法作为伦理原则没有错，但是如何在实践中落实仍存在很多不明确之处。为此，我们需要构建一套全流程的伦理规范机制，把伦理责任分解，采取分布式伦理，即人工智能从制造到应用每个环节都承担相应的伦理责任。只有这样，人工智能才能最大限度地既增进社会的福祉，又把其潜在的风险最小化。目前的调查与研究显示，在新技术发展的进程中，每个人的责任都是有限的，但是其后果却是严重的。由于人类对于微小的恶的不敏感性，导致最初对于风险呈现出整体的麻木状态，到后来小风险的累积就成为高科技面临的严重伦理问题。这已成为一种风险扩散的普遍模式,为此需要构建一个新的伦理责任体系。

人工智能正处于蓬勃发展的大好机遇期,人类社会呼求高阶科学技术力量的伦理支撑。一方面,人工智能的发展离不开伦理反思的支撑作用;另一方面,人工智能又被称为伦理学科发展的新引擎。不断出现的人工智能伦理新问题,对于伦理学的发展提出了新的更高要求,丰富和拓展了伦理学研究的领域,这反过来又成为助力人工智能发展的重要精神因素。人工智能是一种全新的技术形态,通过语义网络、知识图谱、大数据及云计算等,极大地推动了社会生产力的迅猛发展,改变了人类的生产生活方式,拓展了人类生存的意义与价值。依托于算法的人工智能技术,通过一系列的运算、反馈和调整,展现了人工智能的智能程度。以围棋的"人机大战"为例,AlphaGo以其强大的计算能力战胜围棋世界冠军李世石,并且通过"深度学习"的方法不断促进自身进步,完成了在部分领域对人类智能的超越。这种超越是人类利用科技力量延伸自身能力,以及追求提升自身价值的体现。另外,在日常生产生活领域,人工智能在增强人类能力的同时,也日益凸显出其对于人类自身解放的重要作用。

人工智能本质上是人类智慧和智能高度聚合的表现形式,是人类价值和意义在技术层面的展开与呈现。其所面临的伦理困境就是当前人类社会面临的伦理风险。

首先,从人工智能的运行场域来看,伦理情境发生了深刻变革。越来越强大的人工智能的出现,催生了跨人类主义的伦理学问题,传统的伦理学旨趣与伦理情境已然发生重大变化。一是在创制人工智能的过程中,多元伦理理论并没有形成统一共识,从而在设计起点难以嵌入有效伦理规范,这极有可能造成对人工智能约束的失范;二是人工智能技术的强化不仅逾越了自然的限制,而且很有可能逾越人的限制,进而成为主宰人、支配人、控制人的技术形式,将无法回应人类社会发展的伦理诉求;三是道德伦理编码嵌入人工智能的规范性结构时,既存在正当性辩护的困境,也存在法理性的质疑,这是对传统伦理提出的新挑战。

其次,从人类的伦理认知角度来看,正确认识人工智能的伦理地位,积极避免人工智能带来的伦理失范,是推进人工智能技术的前提。人工智能不仅仅是单纯的工具性"智能机器",作为对人类智能的模仿或者模拟,其目标是成长为高阶智能形态,这要求必须在其中嵌入道德因子。随着人工智能的工具性力量日益增强,越应强化相关规范性价值,对技术能力的价值规范和伦理规范的强调,是进一步提升人工智能化水平的重要保障。

最后,从人机关系的伦理模式来看,当前以人为主导的人机关系模式具有单纯的规范性取向,即人类已有道德能力和水平决定了人工智能的道德能力建构水平。如果人类在道德问题的判别方面具有不确定性,再加之人类个体道德经验的有限性,那么人工智能造成的伦理冲突将表现得更加突出。

由于人工智能本身的复杂性,以及未来发展的不确定性,导致人工智能责任的明确归属变得更为困难和模糊,如何防范其可能带来的风险也就变得越发困难,甚至会出现无法追责的伦理缺席现象。我们当前所面临的人工智能伦理风险,一方面是传统伦理情境、伦理形态面临总体性困境,人工智能不断解构传统伦理,并在日渐紧张的伦理冲突中提出愈加迫切和急需解决的伦理问题；另一方面是人与自身造物之间关系模式面临解体与重塑，人类自身的伦理禀赋与人工智能的伦理地位之间存在着一定矛盾，特别是在技术力量全面突破人类智慧时，如果没有有效的伦理建构和调适，人类社会将会在"技术决定论"中迷失伦理和道德责任。

7.2 人工智能的伦理原则

人工智能在推动网络信息技术发展的同时，模糊了物理现实、数字和个人的界限，也衍生出诸多复杂的法律、伦理问题，我们所要应对的已经不单单是弱人工智能和强人工智能，还有未来的超人工智能问题。2018 年，微软发表了《未来计算》(*The Future Computed*)一书，其中提出了人工智能开发的六大原则：公平、可靠和安全、隐私和保障、包容、透明、责任。

7.2.1 公平

公平性是指对人而言，不同区域的人、不同等级的所有人在人工智能面前是平等的，不应该有人被歧视。

人工智能数据的设计均始于训练数据的选择，这是可能产生不公平的第一个环节。训练数据应该足以代表人们生存的多样化的世界，至少是人工智能将运行的那一部分世界。以面部识别、情绪检测的人工智能系统为例，如果只对成年人脸部图像进行训练，则该系统可能无法准确识别儿童的特征或表情。

只确保数据的"代表性"还不够，种族主义和性别歧视也可能悄悄混入社会数据。假设设计一个帮助雇主筛选求职者的人工智能系统，如果用公共就业数据进行筛选，系统很可能会"学习"到大多数软件开发人员为男性，在选择软件开发人员职位的人选时，该系统就很可能偏向男性，尽管实施该系统的公司想要通过招聘提高员工的多样性。

如果人们假定技术系统比人更少出错、更加精准、更具权威，也可能造成不公。许多情况下，人工智能系统输出的结果是一个概率预测，如"申请人贷款违约概率约为 70%"，这个结果可能非常准确；但如果贷款管理人员将"70% 的违约风险"简单解释为"不良信用风险"，拒绝向所有人提供贷款，那么就有 30% 的人虽然信用状况良好，但贷款申请也被拒绝，导致不公。因此，需要对人进行培训，使其理解人工智能结果的含义和影响，弥补人工智能决策中的不足。

7.2.2 可靠和安全

目前比较热门的一个话题是自动驾驶车辆的问题。之前有新闻报道，一辆行驶中的特斯拉系统出现了问题，车辆仍然以每小时 70 英里的速度在高速行驶，但是驾驶系统已经死机，司机无法重启自动驾驶系统。

　　想象一下,如果要发布一个新药,那么它的监管、测试和临床试验会有非常严格的监管流程。但是,为什么自动驾驶汽车的系统安全性完全是松监管甚至是无监管的?这就是一种对自动化的偏见,指的是人们过度相信自动化。这是一个很奇怪的矛盾:一方面人类过度地信赖机器,但是另一方面其实这与人类的利益是冲突的。

　　另一个案例发生在旧金山,一个已经喝醉了的特斯拉车主直接进入车里打开了自动驾驶系统,睡在车里,然后这辆车就自动开走了。这个特斯拉的车主觉得:"我喝醉了,我没有能力继续开车,但是我可以相信特斯拉的自动驾驶系统帮我驾驶,那我是不是就不违法了?"但事实上这也属于违法的行为。

　　可靠和安全是人工智能非常需要关注的一个领域。自动驾驶汽车只是其中一个例子,它涉及的领域也绝不仅限于自动驾驶。

7.2.3　隐私和保障

　　美国有一个非常流行的健身 App Strava,如骑自行车时,骑行数据会自动上传到平台,在社交媒体平台上有就很多人可以看到私人健身数据。问题随之而来,很多美国军事基地的现役军人也在锻炼时使用该 App,他们锻炼的轨迹数据也会全部上传,那么整个军事基地的地图数据自然也会上传到平台上。美国军事基地的位置是高度保密的信息,但是军方从来没想到一款健身的 App 就轻松地把数据泄露出去了。

7.2.4　包容

　　人工智能必须考虑到包容性的道德原则,要考虑到世界上各种功能障碍的人群。举个领英的例子,他们有一项服务称为"领英经济图谱搜索"。领英、谷歌和美国一些大学联合做过一个研究,研究通过领英实现职业提升的用户中是否存在性别差异?该研究主要聚焦了全美排名前 20 MBA 的毕业生,他们在毕业之后会在领英描述自己的职业生涯,他们主要是对比这些数据。该研究的结论是,至少在全美排名前 20 的 MBA 的毕业生中存在自我推荐上的性别差异,即男性 MBA 毕业生通常在毛遂自荐的力度上要超过女性。

　　登录领英的系统,就会有一些关键字域要选择,其中有一项是自我总结。在该项上,男性对自己的总结和评估通常会高过女性,女性在这方面对于自我的评价是偏低的。所以,作为一个招聘者,在招聘人员时要获得不同的数据信号,应将这种数据信号的权重降下来,才不会干扰对应聘者的正常评估。

　　但是,这又涉及一个程度的问题,该数据信号不能调得过低,也不能调得过高,要有一个正确的度。数据能够为人类提供很多洞察力,但数据本身也包含一些偏见。那么,如何从人工智能、伦理的角度来更好地把握这样一个偏见的程度,以实现这种包容性,这就是我们说的人工智能包容性的内涵。

　　在这 4 项价值观之下还有 2 项重要的原则:透明和问责,它们是所有其他原则的基础。

7.2.5 透明

在过去 10 年，人工智能领域突飞猛进过程中最重要的一个技术就是深度学习，深度学习是机器学习中的一种模型。一般认为，至少在现阶段，深度学习模型的准确度是所有机器学习模型中最高的，但在这里存在一个其是否透明的问题。透明度和准确度无法兼得，人们只能在二者之间权衡取舍，如果要更高的准确度，就要牺牲一定的透明度。

在李世石和 AlphaGo 的围棋赛中就有这样的例子，AlphaGo 打出的很多手棋事实上是人工智能专家和围棋职业选手根本无法理解的，因为一个人类棋手绝对不会下出这样一手棋。所以，到底人工智能的逻辑是什么，它的思维是什么，人类目前尚不清楚。

所以现在面临的问题是，深度学习的模型很准确，但是其存在不透明的问题。如果这些模型、人工智能系统不透明，就有潜在的不安全问题。

为什么透明度这么重要？举个例子，20 世纪 90 年代在卡耐基-梅隆大学有一位学者在做有关肺炎方面的研究，其中一个团队进行基于规则的分析，帮助决定患者是否需要住院。基于规则的分析准确率不高，但由于其都是人类能够理解的一些规则，因此透明性好。它们"学习"到哮喘患者死于肺炎的概率低于一般人群。

然而，该结果显然违背常识，因为如果一个人既患有哮喘，也患有肺炎，那么死亡率应该是更高的。研究之所以"学习"得出这一结果，其原因在于一个哮喘病人由于常常会处于危险之中，一旦出现症状，他们的警惕性更高，接受的医护措施会更好，因此能更快得到更好的医疗。这就是人的因素，如果一个人患有哮喘，那么他会迅速采取应急措施。

人的主观因素并没有作为客观数据放在训练模型的数据图中，如果人类能读懂这个规则，就可以对其进行判断和校正。但如果它不是基于规则的模型，不知道其是通过这样的规则来判断的，是一个不透明的算法，人类按照该结论就会建议哮喘患者不要住院进行治疗，这显然是不安全的。

所以，当人工智能应用于一些关键领域，如医疗领域、刑事执法领域时，一定要非常小心。例如，某人向银行申请贷款，银行拒绝批准贷款，这时作为客户就要问为什么，银行不可能说是基于人工智能，而是必须给出一个理由。

7.2.6 问责

人工智能系统采取了某个行动，做了某个决策，就必须为自己带来的结果负责。人工智能的问责制是一个非常有争议的话题，这里仍然针对自动驾驶汽车进行讨论。确实，人工智能会涉及一个法律或者立法的问题。在美国已经出现多例因为自动驾驶系统导致的车祸。如果是机器代替人来进行决策、采取行动出现了不好的结果，那么到底由谁来负责？我们的原则是要采取问责制，当出现了不好的结果时，不能让机器或者人工智能系统当替罪羊，人必须要承担责任。

但现在的问题是人们并不清楚基于全世界的法律基础而言，到底哪个国家具备处理类似案件的能力。美国很多案件的裁决是基于"判例法"进行判定的，但是对于这样一些案例,人们没有先例可以作为法庭裁决的法律基础。

其实,不仅是自动驾驶汽车,还有其他很多领域,如刑事案件问题,还有涉及军事领域的问题。现在很多武器已经自动化或者人工智能化,如果一个自动化武器杀伤了人类,那么这样的案件应该如何裁定?

这就要牵涉法律中的法人主体问题。人工智能系统或全自动化系统是否能作为法人主体存在?其会带来一系列的法律的问题:人工智能系统是否可以判定为是一个法律的主体?如果判定它是一个法律的主体,那就意味着人工智能系统有自己的权力,也有自己的责任。如果人工智能有权力和责任,就意味着其要对自己的行为负责,但是这个逻辑链是否成立?如果人工智能作为一个法律主体存在,那么其要承担相应的责任,也享有接受法律援助的权利。因此,我们认为法律主体一定要是人类。

7.3　人工智能的伦理治理

当人工智能越来越多地渗透到人们日常生活中的方方面面,人类社会在加速迈向智能化、数字化的同时,科技伦理问题也会接踵而来。从 AlphaGo 击败人类围棋世界冠军,到人脸识别带来隐私安全问题,再到特斯拉自动驾驶事故频发问责难,以及虚拟人大热引起职场焦虑,不少学者都表达了对伦理治理问题的担忧。

目前,全球至少已有 60 多个国家制定和实施了人工智能治理政策,可见世界范围内人工智能领域的规则秩序正处于形成期,伦理治理发展趋于同频。国外关于机器人的伦理治理应该是最为成熟的,如英国、新加坡、欧盟等都有相关伦理设计规范。例如,英国出台了历史上首个关于机器人伦理的设计标准——《机器人和机器系统的伦理设计和应用指南》。英国金融稳定委员会(Financial Stablity Board,FBS)制定了人工智能和机器学习在金融服务领域的应用规范,强调可靠性、问责制、透明度、公平性以及道德标准等。美国希望能够确保和增强在人工智能领域的优势地位,因此更强调监管的科学性和灵活性,也更重视实际应用领域的科技伦理治理,如对大规模的生物特征识别技术的使用管理严格。美国证券与交易委员会(Securities and Exchange Commission,SEC)要求企业删除一些人脸数据库,甚至包括相关算法。欧盟的监管风格则趋向于强硬,先后出台了《欧盟人工智能》《可信 AI伦理指南》《算法责任与透明治理框架》等指导性文件,期望通过高标准的立法和监管重塑全球数字发展模式。

微软、谷歌等国外科技公司在人工智能伦理治理方面也进行了积极探索。例如,微软内设三大机构,包括负责任人工智能办公室(Office of Responsible AI)、人工智能、伦理与工程研究委员会(AI and ethics inengineering and research committee)、负责任 AI 战略管理团队(Responsible AI Strategy inEngineering),分别负责 AI 规则制定、案例研究、落地监督等,并研发了一系列技术解决方案。谷歌从积极方面和消极方面规定了人工智能设计、使用的原则,并承诺愿意随着时间的推移而及时调整这些原则。谷歌还成立了负责任创新中央团队,以推动伦理治理实践落地。例如,为避免加重算法不公平或偏见,暂停开发与信贷有关的人工智能产品；基于技术问题与政策考虑，拒绝通过面部识别审提案；涉及大型语言模型的研究谨慎继续，在进行全面的人工智能原则审查之前，不能正式推出。

在人工智能伦理研究方面，国外较为积极。全球私募股权巨头黑石（Blackstone）集团联合创始人、全球主席兼首席执行官斯蒂芬·施瓦兹曼为牛津大学捐赠了 1.88 亿美元，用于资助人工智能伦理方面的研究。马斯克也曾向生命未来研究所（Future of Life Institute）捐赠 1000 万美元，教导机器人"伦理道德"。

7.3.1　伦理治理的工作层面

2022 年 3 月 23 日，中共中央办公厅、国务院办公厅印发的《关于加强科技伦理治理的意见》（以下简称《意见》）指出，重点加强生命科学、医学、人工智能等领域的科技伦理立法研究。这是我国发布的首个国家层面科技伦理治理指导性文件，为新兴技术伦理治理设置了"红绿灯"。

人工智能的研究内容常会涉及科技伦理敏感领域，根据《意见》的精神，人工智能的伦理治理应主要开展如下工作。

（1）道德层面。要根据《意见》精神，完善人工智能领域科技伦理规范、指南，对科技人员进行伦理道德约束和引导，使科研人员具有较好的伦理道德意识，在研发过程中始终以伦理道德红线来约束自己。推动人工智能科研院所和企业建立伦理委员会，自觉开展人工智能伦理风险评估、监控和实时应对，使道德引导和道德约束贯穿在人工智能设计、研发和应用的全流程中。

（2）技术层面。要加强一线科技人员的技术管控和预判能力，使其能够及时识别各类潜在风险的发展阶段和发展程度，同时加强算法、数据以及应用的管理、检测和评估，构建有效的风险预警机制，通过不断改进技术来降低伦理风险。

（3）法制层面。要将法律法规建设放在重要的位置上，将其作为人工智能伦理治理的最高依据，不断完善人工智能伦理治理的法律体系，使人工智能技术从设计、研发、测试、产业化到应用的全过程都有法可依，消除人工智能伦理治理的法律监管盲区。

7.3.2　伦理治理的工作策略

在人工智能风险治理中，需要由基础的认知反省到具体的应用调节，最终走向社会制度的整体改进。这是一个有机的风险治理过程，是技术社会走向良性发展的重要路径。

（1）更新认知，凝聚人工智能时代社会共识和集体信念。健康积极的社会观念会直接影响人工智能技术的研发与应用进程。当前，人工智能技术引发的各类伦理风险。在短期内往往难以被充分解读并有效引领。另外，一些关于人工智能以及利用人工智能传播或放大的不良社会观念也可能存在滋生的土壤。这时，需要通过一些公共管理手段对社会思想观念进行集中有效的调控引导。一方面，要开展面向社会大众的针对性思想宣传工作。可以面向社会各类人群主动设置议题，围绕人工智能应用的热点领域（如媒体、电商、自动驾驶、医疗、金融等），结合社会关注的热点话题（如安全、隐私、效率、教育、就业、家庭关系等),有针对性地进行正面宣传教育和引导,积极解疑释惑,努力形成良好的社会心理预期,疏导社会不良情绪,建立关于人工智能的积极集体信念。另一方面,要进行人工智能伦理思想的专业性、学术性研究创新。应鼓励相关学术研究群体在充分理解现实问题、预判未来趋势的基础上,遵循科技发展规律,重新阐释人机主体性、公平正义、权利尊严、美好生活等重大理论问题,为整个社会建构、更新和丰富人工智能时代伦理体系和司法体系的基础理论和价值目标,设计适用于不同群体和应用场景的伦理规范和评判指标,提供人工智能风险治理的深层理论资源。

(2)应用调节,建立人工智能政策调节和缓冲机制。人工智能技术的发展日新月异,其风险产生也常常不可预计。为做好充分的风险管控,首先要保证公共治理层面的有效干预。合理有效的干预并非在人工智能的研发和应用上进行简单统管统筹,而是要针对其未知性和复杂性等特点,拓展开放灵活的政策空间,即通过建立有效约束和容错纠错的管理机制,打造人工智能应用的缓冲区。对人工智能新技术、新应用的容错不是盲目的,而是基于容错甚至纠错的组织管理能力。为实现这一目标,应建立政府、公众、媒体、企业、第三方评估机构等多元互动的生态行政管理系统。例如,政府可以主导建立面向科研共同体和公众、媒体的人工智能伦理问题听证、征询和协商机制,提高科研共同体和公众在人工智能研发和应用领域的监督能力和参与程度,发掘科研共同体、公众和媒体在推动企业和政府的治理理念转变上的重要作用。在建立动态组织管理机制的基础上,有关管理机构需把握好人工智能发展的节奏和方向,有选择有计划地调研调控,避免公共决策中的短视和失误;以可持续发展的视角,整体及时地推进经济结构、社会管理结构的平稳转型,预防人工智能对市场、就业和产业结构等领域的过度冲击;削弱人工智能对居民生活的负面影响和可能隐患,保护弱势群体;以公共管理政策的灵活性、开放性,形成科技、市场和管理的三角联动,保障人工智能的健康发展。

(3)制度改进,明确权责,构建多级制度保障。在社会层面,应建立健全统一有力的专门性机构,对人工智能发展进行总体规划和全局统筹。可以由人工智能伦理委员会进行全局性统筹,逐级建立委员会体系,保证对政府部门、企事业单位、科研机构和公众舆论的综合全面监管。在企业层面,应充分发挥企业在人工智能伦理风险管理上的基点作用。企业领导层应树立风险意识,提高责任意识,在企业结构上设立专门性的伦理风险应对和监督部门,完善企业在有关伦理问题上的决策、沟通、咨询和调控的制度框架,提高企业在人工智能伦理风险方面的识别、评估、处理、监控及汇报能力。此外,在行业内部,应建立统一的伦理风险咨询和监管委员会,制定行业发展伦理规范,推动相关企业落实主体责任,保证企业良性发展。在法律层面,应重视人工智能相关立法司法工作创新,以人民利益为中心,以公平正义为基石,以现实问题为导向,积极反思人工智能时代法律制度和理论体系的思想基础和价值目标。促进能够自我调整革新的人工智能新型法律规则体系建设,切实维护人民安全、隐私等基本权利,保障法律在人工智能应用中发挥应有的警示、裁断和保护功能。

总之,人工智能伦理治理要牢固树立道德伦理红线意识,划出伦理治理的底线。技术发展常常会超前于伦理,所以更要始终将道德伦理作为科技创新、技术应用的先决条件,特别是在进入未知领域探索或拓荒式应用之前，要全面研判潜在道德伦理风险，通过思想实验和伦理悖论推演等多种形式评估风险程度，识别可能引发道德伦理的潜在风险点。科学家要始终将人类基本的道德伦理作为不可逾越的红线，在科研活动中形成严格的道德伦理边界和底线，并在道德伦理安全域内从事各类科研创新和应用实践活动。在道德伦理观方面，不同国家、不同民族、不同文化之间既有相同、相通之处，也有自己独特的角度和定位。我们要站在人类命运共同体的战略高度，坚持"增进人类福祉、尊重生命权力、坚持公平公正、合理控制风险、保持公开透明"的科技伦理治理的基本原则，努力推进符合全人类的科技伦理治理方案。同时，也要结合我国五千年的文化传统，深入研究我国独有的科技伦理治理路径。特别是要从最广大人民利益出发，积极防范数据安全和隐私泄露、算法歧视、基于深度伪造的安全风险、法治风险、科技贫困等一系列道德伦理问题，既要着重解决中国自身面临的伦理治理问题，又要为全人类的发展作出中国贡献。

本章小结

　　本章探讨了人工智能带来的伦理问题和相应的治理原则。人工智能的发展在提升生产力的同时，也引发了对人的主体性、社会伦理和法律等方面的深刻挑战。自动驾驶的责任归属、智能机器取代人类工作的伦理困境、虚拟智能技术及脑机接口技术等都引发了重要的伦理争议。为应对这些问题，必须制定相应的伦理原则，如公平、可靠与安全、隐私保障、包容、透明和问责。此外，通过加强伦理治理，从道德、技术和法制层面进行全面的工作策略，确保人工智能技术在合理的框架内健康发展，实现社会的良性进步。

习题

1. 简述自动驾驶技术在伦理责任归属方面面临的主要挑战。
2. 结合实例说明人工智能在隐私保障方面可能引发的问题及其后果。
3. 解释在人工智能发展过程中，为什么公平性和包容性是至关重要的伦理原则。

参 考 文 献

[1] Cramer J S. The originals of logistic regression[J]. Social Science Elecironic Publishing,2002.

[2] Galton F. Human Variety[J]. Nature,1889(39)：296-297.

[3] Cortes C,Vapnik V. Support-vector networks[J]. Machine Learning,1995(20)：273-297.

[4] Abeywickrama T,Aamir M,Taniar D. k-Nearest neighbors on road networks：A journey in experimentation and in-memory implementation[C]. Proceedings of the VLDB Endowment,2016.

[5] Louppe G. Understanding random forests：From theory to practice[J]. OALib Journal,2014.

[6] Schapire F R E. Special invited paper. Additive logistic regression：a Statistical view of boosting[J]. Annals of Statistics,1998,28. 2(2000)：337-374.

[7] Selim，S Z，Ismail M A. K-means-type algorithms：A generalized convergence theorem and characterization of local optimality [J]. IEEE Transactions on Pattern Analysis and Machine Intelligence,1984,6(1)：81-87.

[8] Lowe D G. Object recognition from local scale-invariant features[C]. IEEE International Conference on Computer Vision (ICCV),1999.

[9] Dalal N,Triggs B. Histograms of oriented gradients for human detection[C]. Histograms of Oriented Gradients for Human Detection (CVPR),2005.

[10] Jia Y,Shelhamer E,Donahue J,et al. Caffe：Convolutional architecture for fast feature embedding [C]. ACM,2014.

[11] Abadi M,Barham P,Chen J,et al. Tensorflow：A system for large-scale machine learning[J]. arxiv. 2016.

[12] 肖莱. 基于 Python 深度学习[M]. 张亮,译. 北京：人民邮电出版社,2018.

[13] Lecun Y,Bottou L,Bengio Y,et al. Gradient-based learning applied to document recognition [J]. Proceedings of the IEEE,1998,86(11)：2278-2324.

[14] Krizhevsky A,Sutskever I,Hinton G. ImageNet classification with deep convolutional neural networks[C]. NIPS. Curran Associates Inc,2012.

[15] Simonyan K,Zisserman A. Very deep convolutional networks for large-scale image recognition[J]. Computer Science,2014.

[16] He K,Zhang X ,Ren S ,et al. Deep residual learning for image recognition [C]. IEEE Conference on Computer Vision and Pattern Recognition(CVPR),2016.

[17] Khan S,Rahmani H,Shah S A A,et al. A guide to convolutional neural networks for computer vision [J]. Synthesis Lectures on Computer Vision,2018,8(1)：1-207.

[18] 陈玉琨,汤晓鸥. 人工智能基础(高中版)[M]. 上海：华东师范大学出版社,2018.

[19] Sanchez-Riera J,Srinivasan K,Hua K L,et al. Robust RGB-D hand tracking using deep learning priors[J]. IEEE Transactions on Circuits and Systems for Video Technology, 2017, 28（9）：2289-2301.

[20] Karpathy A,Toderici G,Shetty S,et al. Large-scale video classification with convolutional neural networks[C]//Proceedings of the IEEE conference on Computer Vision and Pattern Recognition,2014：1725-1732.

[21] Krizhevsky A,Sutskever I,Hinton G E. Imagenet classification with deep convolutional neural networks[J]. Advances in Neural Information Processing Systems,2012(25)：1097-1105.

［22］　Radford A，Metz L，Chintala S. Unsupervised representation learning with deep convolutional generative adversarial networks[J]. arXiv preprint：1511. 06434，2015.

［23］　Wang C Y，Chiang C C，Ding J J，et al. Dynamic tracking attention model for action recognition[C]. 2017 IEEE International Conference on Acoustics，Speech and Signal Processing（ICASSP）. IEEE，2017：1617-1621.